普通高等教育艺术设计类专业「十二五」规划教材

包装设计

王 娟/编著

中国水利水电出版社
www.waterpub.com.cn

内 容 提 要

本教材从经济、品牌、文化等多角度阐述了商品包装设计的基本理论和设计规律，系统讲述了包装的历史发展与现代功能，包装立体造型形式的拓展和平面视觉语言的表达，包装设计的创新理念与设计表现形式，包装设计的流程与策略，以及传统文化在包装设计中的传承与创新等多方面内容。书中运用大量最新市场优秀包装实例，结合作者的多项课题研究成果以及大量学生的原创作品，理论联系实际，注重与市场结合的实践性和教学的规律性，符合当代包装设计人才对专业知识结构的需求。

全书共六章，每章后附课题练习和课题参考，通过丰富灵活的课题训练，帮助学生分析产品属性、了解材质工艺、开发创意思维、挖掘地域文化、遵循科学规范的操作程序，以达到最佳的视觉表现和商业效果。

本教材可作为高等院校视觉传达设计、包装设计、平面设计、包装工程等专业的教材，也可供从事相关设计工作的人员参考。

图书在版编目（CIP）数据

包装设计 / 王娟编著. -- 北京 : 中国水利水电出版社, 2013.2
普通高等教育艺术设计类专业“十二五”规划教材
ISBN 978-7-5170-0418-9

Ⅰ. ①包… Ⅱ. ①王… Ⅲ. ①包装设计－高等学校－教材 Ⅳ. ①TB482

中国版本图书馆CIP数据核字(2013)第032033号

书　名	普通高等教育艺术设计类专业“十二五”规划教材 **包装设计**
作　者	王娟　编著
出版发行	中国水利水电出版社 （北京市海淀区玉渊潭南路1号D座　100038） 网址：www.waterpub.com.cn E-mail：sales@waterpub.com.cn 电话：(010) 68367658（发行部）
经　售	北京科水图书销售中心（零售） 电话：(010) 88383994、63202643、68545874 全国各地新华书店和相关出版物销售网点
排　版	北京时代澄宇科技有限公司
印　刷	北京嘉恒彩色印刷有限责任公司
规　格	210mm×285mm　16开本　11印张　275千字
版　次	2013年2月第1版　2013年2月第1次印刷
印　数	0001—3000册
定　价	42.00元

前　　言

在全球经济一体化和多样化消费方式的影响下，包装设计的内涵、功能及行业需求都发生了根本性的变革。现代包装超越了传统意义上单纯的保护和运输功能，承担着塑造品牌形象、沟通生产者与消费者、创造利润、传播文化、保护环境、促进人类社会可持续发展的重任，对我国制造业、食品和轻工业的发展及其产品的国际间流通具有重要的作用。

包装既是产品的营销工具，也是企业的窗口，甚至代表着国家形象，传递着更多、更高的文化信息。经济与文化上的优势使欧美、日本等发达地区和国家在世界经济产业链中处于高端市场，可以不断地通过输出高附加值的设计、研发产品和包装、输出品牌和文化来进入第三世界国家以获利。而中国过去长期处于世界经济产业链的低端市场，依靠产品加工和复制，为他人做嫁衣裳，致使民族企业处于低迷状态，很难实现民族品牌和文化的广泛传播。目前，中国经济正在积极转型，中国要由制造大国转变为创造大国，必须重视科技创新和设计创新，树立“设计立国”思想，变成创新的民族。同时，这也对设计教育领域提出了新的、更高的要求。

现代包装设计成为一门融合包装技术、立体设计、平面设计、商业营销为一体的交叉性学科，包含了材料学、结构学、品牌学、市场营销学、消费心理学、人体工程学、美学、文化学等内容。这就要求新时代的包装设计人才具备国际视野、全球意识和专业化、复合化的知识结构，不断研究新时期不同消费群体的价值取向、科技进步以及传统文化对包装设计的影响，注重跨学科知识的积累，掌握相关电脑辅助设计知识，具备时代特征的审美水准。

本教材以最大限度地开发学生的创造力，坚持不懈地弘扬人文精神为目标，全面系统地探讨了包装的历史发展与现代功能，包装立体造型形式的拓展和平面视觉语言的表达，包装设计的创新理念与设计表现形式，包装设计的流程与策略，以及传统文化在包装设计中的传承与创新等多方面内容。全书运用大量最新市场优秀包装实例，结合作者的多项课题研究成果以及大量学生的原创作品，理论联系实际，力求符合当代包装设计人才培养对专业知识结构的需求。

本书的编撰出版，得到了广东工业大学艺术设计学院视觉传达设计系全体同事的大力支持，在此表示诚挚的感谢。该校艺术设计学院视传系 04 至 10 级的同学和广州科技贸易职业学院的阳丰老师提供了部分图例，作者的研究生肖明、黄红燕、张磊等进行了图片整理工作，在此谨向他们表示深深的谢意。最后，对本书中其他图例的作者表示衷心的感谢。

王娟

2012 年 11 月于广州

目录

前言

第一章　认知与概论/1

第二章　造型与结构/15

第三章　平面与编排/51

第四章　理念与表现/73

Unit 1

第一章 认知与概论

包装与人们的生产、生活息息相关。伴随中国经济的快速发展和经济全球化的影响，在国内大型超市、商场里，我们不难看到风格各异、琳琅满目的各国包装产品。包装设计对我国制造业、食品和轻工业的发展及其产品的国际间流通有着重要的作用。

随着现代科技的发展，当今世界的包装业发展成为一个庞大的独立体系，囊括了各种专业部门和机构，形成了一门现代科技与艺术相结合的综合性学科。

在漫长的历史长河中，包装伴随着人类生产技术的进步而同步发展，要正确认识和理解包装设计，有必要首先了解包装的起源和历史发展。

一、发展概况

（一）原始包装

人类自穴居时代，为了生存的需要，学会了利用兽皮、树叶、贝壳、竹筒、葫芦等包裹、储存其食物或物品。用藤蔓、植物茎条制成绳索用以捆扎或编织成篮子、筐篓等装物，这是包装的起源和雏形，是最原始的包装。原始包装的特点是所有的材料和载体均来源于自然，就地取材，物尽其用，主要功能是保护和容纳物品。如荷叶包肉、葫芦装酒、箬叶包粽、竹壳装茶等，不少包装形态流传至今仍然富有生命力，因其不可取代的天然特色而广泛应用于民间（图 1-1、图 1-2）。

图 1-1 以粽叶为材料的传统食品包装

图 1-2 传统竹篮
竹篾制品是我国古老包装之一，环保且坚固耐用，是我国传承千年的绿色包装

（二）传统包装

传统包装是在人类技术能力进步之后的产物。陶瓷、青铜器、漆器等作为包装的主要

容器被大量使用。此外，金银器、石器、玉器、琉璃等材料，都曾被作为容器的形式应用，丝绸、棉麻等织物，竹、木、藤、草等天然材料在包装中的运用也随处可见，但通过技术加工，显得更加精美（图 1-3）。

图 1-3 传统包装：清代三层提篮

造纸术和印刷术的发明，使传统包装得以降低成本、大量生产，并增强装潢效果。传统包装由它的原始功能——保护和容纳物品，提高到了美化商品、宣传商品的功能。

我国陶器起源很早，在新石器时代晚期，由于陶窑、陶轮和封窑技术的发明应用，陶器的设计达到了很高的水平，人们选用淘洗过的黏土，风干后用含铁或锰的矿物颜料绘制纹样装饰，烧制成精美的彩陶，可以制作各种各样的器皿，用来盛水和储藏、搬运食物等（图 1-4）。

因陶器不够坚固耐用，后来在我国东汉时期出现了瓷器。时至今日，陶瓷仍然是我国重要的工艺品、日用品，并常被用于具有民族风格的包装容器（图 1-5、图 1-6）。

图 1-4 马家窑文化半山类型彩陶

马家窑文化半山类型彩陶中的长颈小口双耳罐，腹部膨大，形体接近圆球形，器物的容量较大，两侧的系耳也考虑到了穿绳提携的方便和耐用，以实用为标准

图 1-5 陶罐制品

防潮和封闭性能极好的陶罐制品是我国酒类和食品类包装的最佳材料，成本低廉，经过各种矿物颜料的绘制，形成了独具一格的包装风格

图 1-6 青花缠枝花卉纹执壶（明永乐）

青花纹样的绘制，使得整个器皿高贵典雅。独特的壶口设计，体现了我国古代劳动人民高超的造瓷技艺

青铜器起于夏，在商周达到鼎盛，由于酿酒业的发达，被大量地运用于各种酒器、食器、水器等包装容器。

战国秦汉时期，天然漆开始作为某些木容器和编织容器的防腐涂料。如战国时期的彩绘漆鸳鸯化妆品盒，造型生动，头部可以转动，具有包装容器的基本性能。到唐宋以后，漆的生产与使用更为广泛，技术与工艺也更加复杂，漆器常被用作化妆品盒、食品盒等（图 1-7）。

东汉时期，蔡伦改进过去造纸工艺，利用树皮、碎麻布、旧渔网等廉价原料精制出优质纸张，开启了用纸材包装物品的先驱，如用纸绢、纸绫制成的包装盒来包装书、画、笔、墨、砚等，逐渐替代了以往成本高昂的绢、锦等包装材料。唐朝时开始出现了具有防油、防潮功能的蜡纸，主要用于包装中药、食物等。

图 1-7 黑漆描金“御制玉杯记”包装盒（清 乾隆）

北宋毕昇发明了活字印刷术，为商业包装的装潢表现提供了有效手段。

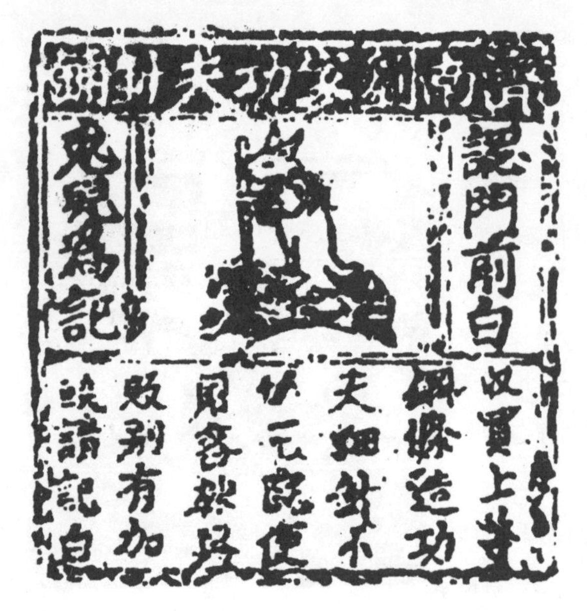

图 1-8 北宋刘家针铺包装纸

我国现存最早的商业包装设计资料是北宋时期山东济南刘家针铺的包装纸，该包装纸四寸见方，铜版印刷，上面字号、插图、广告语一应俱全，插图标志图形鲜明，文字简洁易记，具有浓厚的商业色彩，兼具包装纸、招贴、传单等功能（图 1-8）。

由于战争和丝绸之路贸易的原因，中国的印刷技术传到了欧洲。受其影响，1450 年前后，德国人古登堡开始使用铅活字印刷宗教书籍，虽然比我国毕昇发明的泥活字晚了 400 多年，但因其提出了一套完整而且高效率的印刷程序，并采用机械方式印刷而适合大量生产，很快在欧洲各国传播并广泛得到应用，促进了欧洲资本主义经济的发展。

（三）现代包装

1. 国外现代包装的发展

现代包装与设计，是工业化社会和市场经济发展的产物，社会经济的变革、技术的进步和零售业的发展推动了现代包装设计的发展。

18 世纪 60 年代西方爆发的工业革命，使手工业生产方式开始逐渐被机械化的生产方式所替代。特别是 19 世纪 60 年代打开了电力时代的大门，迎来了第二次工业技术革命，真正进入了现代机械化大批量生产的道路。随着生产技术快速发展，产品成本大幅降低，产品质量得到提高，运输的问题解决以后，人们开始关注产品外观以及包装的美感与方便使用等问题。此时，着色印刷、瓦楞纸、模压折叠纸盒包装、金属软管包装、高性能合成材料等各种新技术、新材料开始逐渐登上包装设计的历史舞台。

1796 年，逊菲尔德发明了石版印刷术，实现了着色印刷。1799 年法国人制造了世界上第一台造纸机，将中国的人工造纸术转化为机械化生产技术，推动了纸业包装的发展。1856 年英国人发明了瓦楞纸，1890 年英国发明第一台瓦楞纸板制造机，及至 1894 年美国首度将瓦楞纸板制成瓦楞纸箱，并应用在运输包装上，带来包装新的革命。

图 1-9 1900 年英国肥皂包装

19 世纪末 20 世纪初，欧洲大陆和美国开始的新艺术运动对包装设计与风格影响很大。此时期的商品包装力求从自然、东方艺术当中吸收营养，特别是植物纹样和动物纹样，较少运用直线，主张以有机的曲线为形式中心

19 世纪 50 年代，彩色印刷术得以推广，低价位的印刷业使包装产品的成本较低，大大推动了包装事业的发展速度。廉价彩印的到来，使简陋的铁皮盒子、有标签的瓶子和简单的纸盒变成了绚丽多彩的精美包装。

19 世纪 80 年代，品牌产品开始出现，许多当今世界驰名的品牌首次出现，厂家为包装贴上了商标，贴上自己的名字，为其产品选择了品名，至此，商品包装已具有许多现代包装的特征（图 1-9）。

进入 20 世纪，美国在 1902 年建立了世界上第一个包装研究所。美国杜邦公司于 1924 年研发推出玻璃纸，将之与包装纸盒装饰搭配使用，用以提高商品档次。之后，使用机器生产的各种软式包装材料快速成长（图 1-10）。

20 世纪 40 年代二战期间，大量军火和军需物资长途转运的需要推动了运输包装设计与标准化生产，在美国出现了第一个运输包装标准。美国军方还研发出各种高性能合成材料，例如发泡 PU 缓冲材料。1946 年美国研制出第一台电子计算机，核能和计算机的发明应用启动了第三次技术革命，将社会推向信息时代。科学技术为产业革命开辟了道路，导致大规模生产的机械化、自动化、标准化与生活现代化，商品竞争日益激烈，因而将工业产品设计与商品包装设计引入竞争机制（图 1–11）。

图 1–10　20 世纪 30 年代早期英国洗发水包装

20 世纪 20 ～ 30 年代在法、美和英等国开展的装饰主义运动是对新艺术自然风格、复古主业化风格而采取的设计上的折中主义立场。这一时期的产品包装材料和设计的形式明显受到同时发生发展的欧洲现代主义运动的影响，包装平面设计变得更为大胆，以强烈鲜艳的色彩搭配和抽象的几何形为主，革除了早期包装过分装饰的风格

图 1–11　20 世纪 50 年代德国润肤水包装

20 世纪 40 ～ 50 年代的包装设计呈现现代主义风格。现代主义的核心是功能主义和理性主义，此时期的商品包装形式简单、反装饰性、强调功能。二战后，现代主义向全世界辐射蔓延迅速演化为共同的国际主义风格，在 20 世纪 50 ～ 70 年代风行一时

20 世纪 50 年代后期，随着电视广告的出现和自选式购物的兴起，使产品和包装的发展进入了一个全新的平台。自选式服务商店首先出现在美国，很快发展为规模宏大的超级市场并在全球拓展普及，将包装功能由原来的保护商品、方便储运、美化商品一跃而转向依靠包装推销商品的至高阶段，使包装上升为引导消费的“无声销售员”。包装成为市场竞争不可缺少的手段和工具（图 1–12）。

20 世纪 70 年代初，条形码首先应用于美国，它加快产品在超市中的收款速度，也有助于零售商对存货保持有效控制。自 80 年代开始，包装设计则更加注重企业形象的表现，为企业产品服务（图 1–13）。

2. 国内现代包装的发展

我国近代产品的包装，是从 1840 年鸦片

图 1–12　1955 年美国香烟包装

自选时代的到来，使包装设计的重点落在迅速识别这一特征上，其设计特征表现为重清晰、少繁琐，构图简单明快、高度功能化、非人情化。已经确立起来的品牌必须着重强调大家熟悉的着色、主题和中心字体，使商品更加醒目

图 1-13 1970 年法国调味品包装

纤维与调味料相结合，醒目的品牌名称，使商品更引人瞩目。20 世纪 70 年代，世界资本主义国家的经济得到快速的发展，建立在新材料、新技术基础上的产品更新换代迅速加快。这不仅给现代主义设计的某些理念提出了挑战，而且也使得设计师在进行设计方案的确定过程中，需要更多地注意设计最后物态化的手段与方式

战争以后慢慢发展起来的。19 世纪末 20 世纪初的包装设计相应受到了新艺术运动的影响，如 1879 年广东巧明火柴厂生产的太和舞龙牌火柴的包装、1902 年南洋兄弟烟草公司生产的白鹤牌香烟的包装等。

20 世纪 30 年代，在我国上海市场出现了一批至今仍有生命力的名牌商品，如雅霜、双妹牌花露水、回力球鞋等，这一时期我国的包装装潢图案题材大都是表示吉祥如意的龙、凤、虎、松鹤、鸳鸯、牡丹、和合二仙、五子登科、福禄寿禧及外来的其他内容，如“摩登女郎”形象。为了唤起民众的爱国意识，在火柴盒和布匹等商品上出现了钟牌、爱国牌、醒狮牌等的文字和图案。

1949 年新中国成立后，20 世纪 50 ~ 60 年代我国包装工业主要以恢复生产为主，从 80 年代开始才在包装设计、生产、科研、教学等方面有了较快的发展。邓小平同志在 1975 年《关于发展工业的几点意见》中谈到了“出口商品的包装问题，要好好研究一下”，从此正式拉开了我国现代包装设计的帷幕。1980 年和 1981 年先后成立了中国包装技术协会和中国包装总公司。1982 年 10 月在北京农展馆举办了全国第一届包装装潢评比会。1987 年我国第一次有两项产品包装荣获世界包装设计最高奖——“世界之星”(图 1-14)。

图 1-14 中国特级“安酒”包装设计 (设计：马熊)

此包装以贵州民间艺术——安顺地戏脸谱为容器造型，陶瓷为材料，可以平放、竖立、展挂，半圆形木盒形似古代竹简，其内衬选用当地蜡染布这一民间工艺，以纹样和文字兼作产品的说明，具有强烈的地方民族风格，荣获 1988 年世界之星奖

现代包装的发展使人们认识到：包装不但可保护商品、美化商品，还可促销商品、创造商品附加价值。只有应用新型材料和技术，设计具有吸引力的商品包装，方能迎合市场需求。然而，经济的高速发展，使现代包装走向了或奢侈或便捷的道路，大量包装废弃物加重了浪费，加大了环境污染，引发了人们强烈的反思。

（四）后现代包装

1972 年联合国发表的《人类环境宣言》拉开了世界绿色革命的帷幕。1975 年，德国率先推出产品包装的绿色回收标志。此后，“绿色包装”得到了世界各国的高度重视。

20 世纪 90 年代，在环保浪潮的影响下，“自然”、“原始”、“健康”的观念深入人心。在这种理念下，“轻量化”、“小体积”的理想实用包装，不仅仅局限于能够容纳、保护、促销及成本合理化的需求，而且开始倡导“绿色包装”这一消费市场的新观念，使产品与包装材料向着“无污染”、“可持续”的方向发展（图 1–15、图 1–16）。

图 1–15 鸡蛋包装，使用新型环保纸材，轻便，缓冲功能佳

图 1–16 Birra and Gusti 手提袋包装（设计：Studio Boca）此包装是无纺布袋制作而成，可以循环使用。结合了绿色设计的思维、简单的版式，为产品宣传了一种绿色的、无污染的形象

此外，品牌扮演的角色越来越重要了。20 世纪 60 年代，品牌大多就是制造商的名字。从 20 世纪 90 年代到进入 21 世纪，包装设计对品牌塑造的作用越来越明显，以至产品包装变成了品牌的载体。

21 世纪是高科技的信息时代，以网络资讯和科技创新为资源辐射到社会的各个层面。人们的思维方式、价值取向和消费方式呈多元化发展。消费多样化所引起的市场的变化，是当今消费市场的重要特点，主要体现在：从传统消费观主要考虑“物”到现代消费观主要考虑“人”的转变；从重视生活水平的提高向重视生活质量的提高转变；从满足需求向创造需求、开拓市场转变。人们由传统生活方式转向追求高科技，追求更便利、更快捷、更环保的生活方式。总的来说，消费需求由物质向精神转移，求新求异的设计样式的竞争日益增强。

因此，当代包装设计走向高科技、可持续、人性化、简约、动态的设计趋势，呈现多元的设计风格。其宗旨是要拉近消费者与产品、产品与自然的距离，从整个社会发展的宏观角度考虑设计的定位，在多元化的设计脉络中彼此协调，促进经济与生态的协调发展，创造一个良好的生存和发展空间，使世界更加美好（图 1–17、图 1–18）。

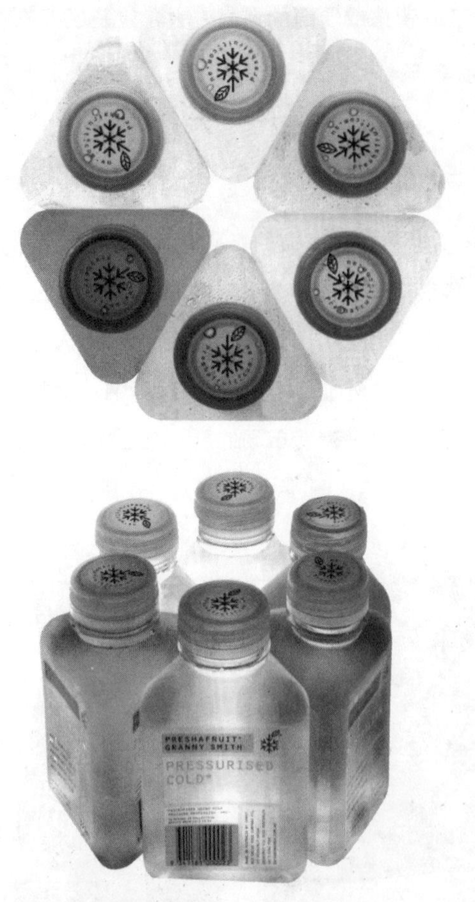

图 1-17 “Preshafruit” 果汁包装设计（设计：澳大利亚 Pidgeon 设计机构）

此果汁包装瓶打破常规的长方体和圆柱体的瓶型设计，单个包装瓶是一个三棱柱，6 个组合在一起形成一个六棱柱，便于堆码、展示，节省空间，同时富有美感，透明材料显示出果汁的诱人色泽和口感

图 1-18 头发护理产品包装（设计：Able Design Planning）

为时尚男女设计的头发护理产品系列包装，采用新型材料，可爱、新潮

二、概念解析

（一）包装的定义

从有包装这个名词开始，人们只简单地认为包装就是保护商品在运输过程中不被损坏的工具。现代包装出现以后，已自成体系，美国、英国、日本、加拿大等发达国家的专业机构都对包装有明确的定义。

美国——包装是使用适当的材料、容器，配合适当的技术，使产品安全到达目的地，并以最佳的成本，为便于商品的输送、流通、储存与销售而实施的准备工作。

英国——为货物的运输和销售所做的艺术、科学和技术上的准备工作。

日本——包装使用适当的材料、容器等技术，为便于物品的输送与保管，并维护物品之价值，保持物品原有的状态的形式。

加拿大——将产品由供者送到顾客或消费者，而能保持产品于完好状态的工具。

在中国，现行国家标准《包装术语 第 1 部分：基础》（GB/T 4122.1—2008）中，对包装的定义是：为在流通过程中保护产品，方便储运，促进销售，按一定技术方法而采用的容器、材料及辅助物等的总体名称。也指为了达到上述目的而采用容器、材料和辅助物的过程中施加一定技术方法等的操作活动。

综上所述，现代包装设计就是为保护商品、便利储运和促进销售为目的，将艺术和技术相结合，采用适当的材料、容器、结构和视觉传达技巧对产品进行科学处理的工作。

由此定义我们可以看出，包装设计的内容包括了三维的立体设计和二维的平面设计。其设计范畴包括：包装材料设计、包装容器造型设计、包装结构设计、包装图形设计、包装色彩设计、包装文字设计、编排构成设计以及广告宣传等方面的整体设计。

（二）包装的分类

商品包装作为一门边缘学科，自它产生之日起就具有了多门类构成的综合性质，随着时间的推移，各种新工艺、新材料、新观念、新产品及新市场的不断加入，它的综合性质愈加明显，其构成成分更趋复杂多元，多元性是现代包装的分类原则之一。

（1）依据包装形态，可分为个包装（或称个装）、中包装（或称内装）、大包装（或称外装）。

（2）依据包装材料，可分为纸盒包装、塑料包装、金属包装、木质包装、玻璃包装、陶瓷包装、复合包装等。

（3）依据包装工艺技术，可分为防水包装、防潮包装、缓冲包装、真空吸塑包装、喷雾气压式包装、充气包装等。

（4）依据包装内容，可分为食品包装、烟酒包装、饮料包装、药品包装、纺织品包装、文化用品包装、化妆品包装、五金用具包装、电子产品包装、玩具包装等。

（5）依据包装用途，可分为专用包装、通用包装、特殊用品包装等。

（6）依据商品销售对象，可分为内销包装、外销包装、经济包装、礼品包装等。

（7）依据包装处理方法，可分为一次性包装、可回收包装等。

（8）从包装的本体上分为两大类，即工业包装和商业包装。工业包装，是以保护商品安全流通、方便储运为目的，也称运输包装，俗称大包装、外包装。商业包装，是以销售为目的，与产品形成一个整体，着重销售的易卖性，所以也称销售包装，俗称小包装、内包装，是包装设计的核心和重点（图1-19、图1-20）。

图1-19 迷你木质香料盒（设计：Helena Baita Bueno）

图 1-20 特级初榨橄榄油包装（设计：Olio Clarici）

三、功能解读

从包装出现以来，包装的功能逐渐由单一向多元化过渡。在今天，现代包装对商品以及生产商、销售商和消费者所起的作用显而易见。现代包装具有自然功能和社会功能，自然功能包括保护和便利功能；社会功能包括促销功能和象征功能。

（一）自然功能

包装对于商品的自然功能主要是保护商品和便利运输，这是包装最基本也是最重要的功能。它能使商品在生产出来之后能够免受流通过程中由于各种外来原因而对商品造成的损害，使产品完好、安全地到达消费者的手中。

1. 保护功能

时至今日，各式各样复杂的产品与日俱增，但最基本的保护却是少不了的。因此，保护功能是包装最基本的功能，应包括防冲击、防震动、耐压，以及根据包装内容的不同需要防湿、防高温或低温、防挥发或渗漏、防污染、防微生物、防光照、防气体甚至防盗窃等（图 1-21）。

2. 便利功能

包装的便利功能包括：便于运输和装饰，便于保管与储存，便于携带与使用，便于回收与废弃处理等（图 1-22）。

便利储藏主要体现在标识的识别性、规格的统一性和尺寸的合理性、密封性等；便利销售体现在包装形式方便购买、方便携带，如堆叠、悬挂、陈列的方式给销售带来便利（图 1-23）；便利处理是绿色包装首要考虑的问题，包装的重复使用性、废弃后的可回收再利用性等。

图 1-21 酒包装设计

淡雅的色调、简约的平面设计，现代感十足

图 1-22 酒包装设计

瓶盖拉手便于携带，且可重复利用，组合包装的形式促进销售

图 1-23 精油包装设计

这是一款提炼自天然植物的精油，包装仅是绘有标识的棕色玻璃瓶，用精油瓶自身的色彩来提升包装品质及产品细节

（二）社会功能

1. 促销功能

在市场经济中，包装的商业促销功能是包装最为直接也最令人关注的因素，如果说包装的保护功能给予了包装作为物质存在的价值，那么，包装的促销功能就是给包装注入生命，塑造出一个逗人喜爱、为人接受的自我推销员形象（图 1–24、图 1–25）。

图 1-24 护发产品包装设计

传统纹样的使用，结合现代的材质、编排，使该产品典雅、大方

图 1-25 饮料包装设计

将品牌名称随意模刻在容器上，别具一格

2. 象征功能

包装的附加值是在包装象征功能基础上产生的，在现代社会中，几乎任何产品都离不开包装，任何包装都寄托着某类象征，任何象征都不同程度地反映出包装的附加值（图 1–26）。

随着信息时代的到来，包装设计的内涵、功能及行业需求都发生了新的根本性的变革。总的方向是合理保护、重视品牌、增加绿色、降低成本且更加个性化、便利化及人性

图 1-26 身体护理用品包装设计（韩国）（设计：JooHyun Sohn，BoGyeong Jung（K-C Design），Woofer Design）
设计师用简单的设计，给人们带来无尽的遐想。天然植物成分，不同程度地反映了产品的绿色意识

化。现代包装不仅具有保护商品、便利运输、方便使用、促进销售等基本功能，更显示出塑造产品形象、品牌形象乃至企业形象的象征功能。

包装设计成为一种设计战略，贯穿整个产品的开发、生产和销售过程，已成为塑造良好品牌形象或企业形象不可或缺的部分。好的包装不但能反映商品的品质，更能反映一个企业的形象与品牌形象，帮助消费者认识商品与生产商。

此外，包装废弃处理时可能给环境造成的影响日益得到世界各国的重视和强调，不少国家用立法的形式规定包装应对环保和资源消耗承担责任。

综上所述，现代包装设计是一门精神与物质、技术与艺术、实用与审美相结合的交叉性学科，包含了工业设计、立体设计、平面视觉设计，同时也包含了材料学、结构学、市场学、品牌学、心理学、系统工程学、美学等内容。

四、体系架构

从包装的定义、分类及功能可以看出，包装实际上是一门现代科学技术与艺术相结合的综合性学科。现代科技使包装的各个环节连接化、自动化，形成了包装设计、生产、检测、流通、消费服务的完整体系。

由于包装的职能是多方面的，要实现这些职能，不是某一个方面的力量所能全部达到，而必须实行各方面力量的协作。因此，当今世界的包装业已发展成为一个庞大的独立体系，囊括了在完成包装全过程工作中所必需的各种专业部门和机构，包括包装设计系统、包装制造系统、包装储运系统、包装管理系统、包装销售系统等（图 1-27）。

上述各系统既有它们各自的职能，又互相依存构成一个完整的独立的现代包装工程体系，在整个综合性的体系内，如果某一环节产生问题，就会影响到其他环节，但不管怎样，包装工作的重点还是要以产品为核心，几乎所有的工作都是围绕产品来进行的。

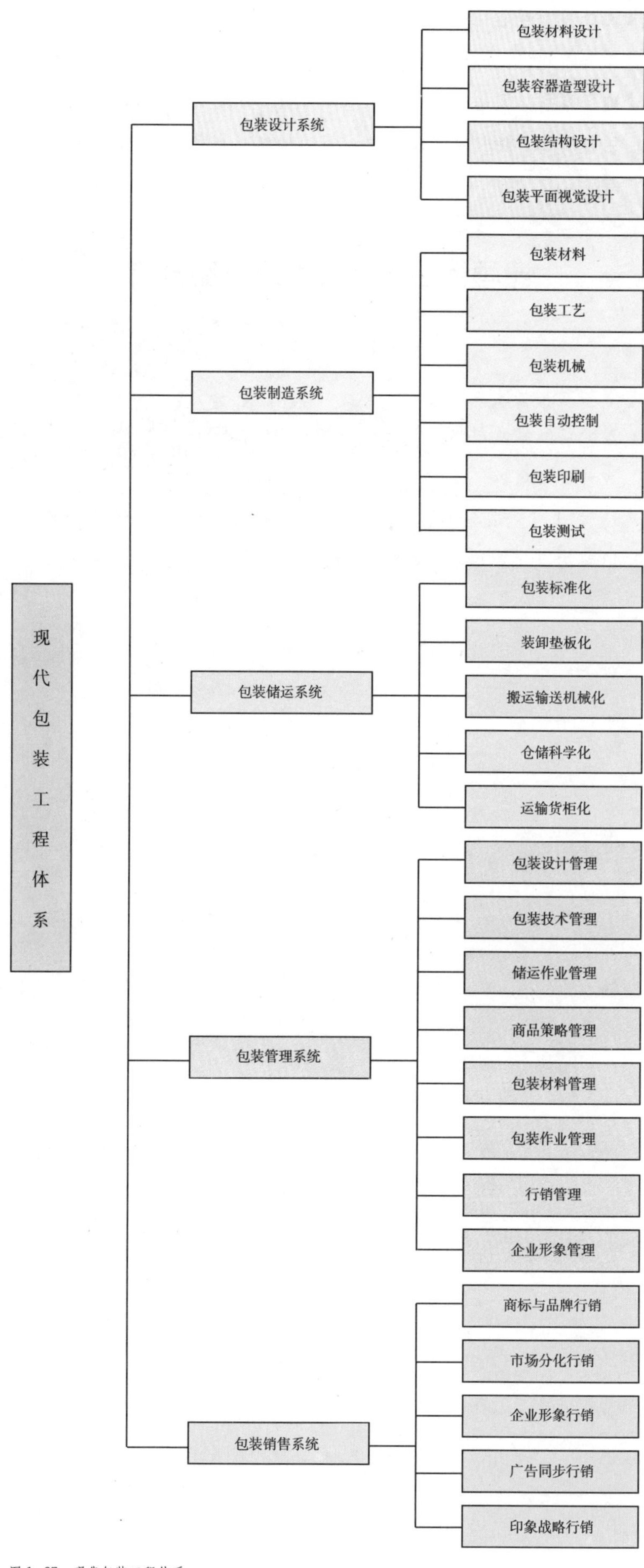

图 1-27　现代包装工程体系

随着现代设计竞争专业化分工的高水准要求，作为融合包装技术、立体设计、视觉设计、商业营销为一体的包装设计已成为其他专业设计不可替代的独立专业设计体系。包装设计既是一个独立体系，又是一个存在于包括工业、分配机构和市场等业务范围之中的子系统。因此，包装设计不能脱离整体各个环节的制约，一定要从全局着眼考虑问题，才能取得圆满的结果。

课题练习一：思考及作品分析

1. 思考题

（1）包装的定义是什么？

（2）包装的功能体现在哪些方面？

2. 包装设计作品分析

查阅参考文献以及结合市场调查，每人自选2件优秀包装设计作品进行分析演讲，作业整理成电子文件上交，要求图文结合。

Unit 2

第二章　造型与结构

图 2-1 Hoyu 美发产品包装设计（设计：Tomohiro Sakurai, Mutsumi Ajichi, Takashi Murakami, Hiro Kinoshita & Yasuhiro Nagae）

设计师运用统一的图案和简洁的标识，有力地传递了该产品的吸引力

包装造型设计和结构设计关系到包装的形态、结构、规格等整体外观效果与物理性能，同时又是包装平面视觉设计的载体。包装容器造型与立体结构的保护性设计与平面视觉的装饰性设计相互作用与协调，共同构建包装的形态与概念，实现包装的整体功能（图 2-1）。

包装材料是包装设计的物质基础。根据不同性质的产品恰当地进行包装材料的选择，发挥各类材质的技术工艺性能以及包括外观机理、色调、成本造价等特点是包装设计重要的一环。

一、包装材料的选择

包装材料是指用于制造包装容器、包装结构、包装印刷、包装运输等满足产品包装要求所使用的材料。按包装材料的作用，可分为主要包装材料和辅助包装材料两大类。主要包装材料分为纸材、塑料、玻璃、陶瓷、金属、木材、复合材料等，辅助包装材料包括涂料、黏合剂、封闭物和包装辅助物、捆扎材料、印刷材料等。纸材、塑料、玻璃和金属通常被称为四大常用包装材料。

（一）纸包装材料

纸材是指由植物纤维经过打浆、抄制后形成的纤维交织材料，具有易加工、成本低、质量轻可折叠、无毒、无味、无污染、可循环利用等优点，适用多种印刷术。缺点是刚性不足，密封性、抗湿性较差。但是很多可涂在纸张表面的材料可以解决这个问题，如蜡、精密塑料和铝等。近年来，纸复合材料的发展，使纸包装的用途不断扩大。

纸包装材料一般分为纸、纸板、瓦楞纸三大类。根据加工工艺和形态的不同，纸又分为牛皮纸、羊皮纸、玻璃纸、过滤纸、漂白纸、铜版纸、涂蜡纸、上光纸、特种纸等。纸板的主要种类有牛皮纸板、白纸板、黄纸板等。由纸或纸浆还可制成瓦楞纸板、纸浆模塑件、蜂窝纸板等有一定刚性强度的纸制包装用品。

纸和纸板是根据材料厚度不同按定量来区分的。一般而言，定量小于 200g/m^2 或厚度在 0.1mm 以下的称为纸；定量大于 200g/m² 或厚度在 0.1mm 以上的纸称为纸板或卡纸。

纸材是包装行业中应用最广泛的一种材料，绝大多数商品均可采用纸包装材料（图 2-2 ~ 图 2-5）。

图 2-2 蜂蜜包装设计（设计：Naturitz, Mexico）

（二）塑料包装材料

塑料是以合成的或天然的高分子化合物如合成树脂、天然树脂等为主要成分，在一定温度和压力下可塑制成型，并在常温下保持其形状不变的材料。其优点是成本低、质量轻、易生产、易成型，具有良好的防水、防潮、耐油、透明、耐寒性等，印刷和装饰性能优良。缺点是透气性较差和不耐高温。传统塑料是由石油炼制的产品制成的，一则石油资源有限，二则有些塑料不易回收和降解。为减少对环境的污染和影响，现在很多

图 2-3 食品包装设计（设计：Ole-Fredrik Ekern, Catherine Sagaute, Kristian Allen Larsen, Audun Aas & Mathias Klingsholm）

专用包装纸根据用途而命名，利用纸材本身丰富的色彩、肌理进行设计表现

图 2-4 瓦楞纸包装

将不要的纸箱拆开，撕下表层纸，即会有特殊的立体线条形状质感，具有厚度及卷曲度。可资源回收，用于包装有防皱、防震等保护作用，更具有环保意识和自然色

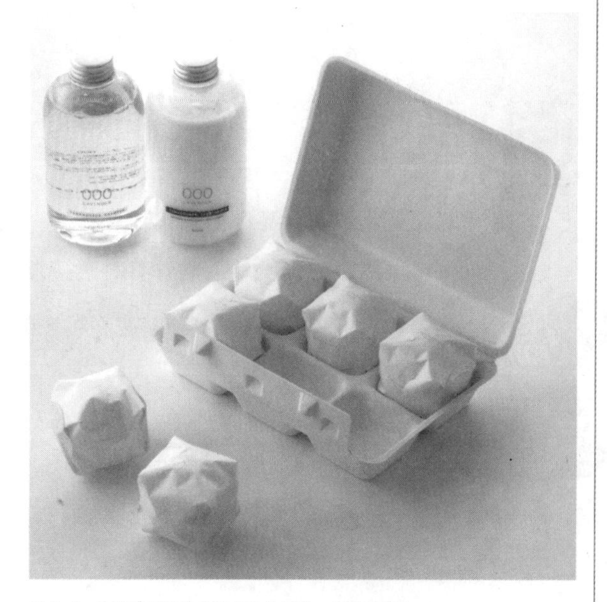

图 2-5 洗浴系列包装设计（设计指导：西村理惠）

运用纸浆模型塑造出令人惊喜的包装外形，丰富了产品内涵

聚苯乙烯包装材料已经是可降解材料。

塑料按其厚度分类，可分为塑料片材和塑料薄膜。按其受热加工时的性能特点，可分为热塑性塑料和热固性塑料。通常以 0.2mm 作为区分片材和薄膜的界限。厚度小于 0.2mm 的为塑料薄膜。热塑性塑料加热时可以塑制成型，冷却后固化保持其形状，可反复塑制。主要品种有：聚乙烯（PE）、聚苯乙烯（PS）、聚氯乙烯（PVC）、聚丙烯（PP）、聚酰胺（PA）、聚酯（PET）等。热固性塑料加热时可以塑制成一定形状，一旦定型后即成为最终产品，不能反复塑制。主要品种有：酚醛塑料（PF）、蜜胺塑料（MF）等。

塑料在包装中的应用仅次于纸材，广泛适用于食品、药品、化工产品、化妆品等的各种杯、盘、瓶、盒、罐、桶、袋等，也可用于制造塑料编织袋、打包带、塑料包装薄膜、泡沫塑料等（图 2-6、图 2-7）。

图 2-6 食品包装设计（设计：Marianne Bozzo，Carol Murphie）

图 2-7 地板清洁用品包装设计

塑料包装在降低包装成本、促进销售这两方面的作用是不可忽视的，随着热收缩包装技术的不断发展，市场上将有更多采用这种包装形式的产品出现

（三）玻璃包装材料

玻璃是由天然矿石、石英石、烧碱等物质在高温下熔融，后经冷却获得。玻璃制品历史悠久，品种多样，造型自由，美观大方。早在公元前 16 世纪，古埃及就能制作各种玻璃瓶子供人们使用，到了 18 世纪，意大利、英国的玻璃制造业已相当成熟。玻璃的优点是具有高度的透明性、抗腐蚀性和良好的密封性，并且硬度大，不易受损，耐清洗，可反复使用，易加工，特别适合作为液体包装容器（图 2-8）。缺点是易破损，且较重，不如塑料等包装材料轻便和耐冲击。

玻璃容器是将熔融的玻璃材料经吹制或挤压成型的一种透明容器。品种有广口瓶、细长颈瓶、管形瓶、大圆瓶、小药水瓶等，常应用于饮料、食品、药品、化妆品、化学品等。近年来，玻璃容器已向轻薄化发展。

图 2-8 “宿营 Camp”威士忌·莱姆威士忌酒包装瓶，麒麟 SEAGRAM

面向年轻人的供野外活动时携带的简便型威士忌酒。采用陶器和水桶等独特造型，瓶口用钢丝卡来固定瓶盖，瓶腰上有山、风、叶的形象，以模压浮雕工艺成形，野外感十足

（四）金属包装材料

从古代用青铜容器开始，金属材料就开始在包装领域崭露头角。金属包装材料对于气体、液体、溶剂和紫外线具有优异的阻隔性能，使得金属包装容器自 19 世纪 80 年代以来成为一种可靠的产品储存方式。主要优点是强度大、刚性好、抗撞击，阻气、防潮、遮光、保香等阻隔性能优异于其他材料，保存期限长，印刷性能好。缺点是化学稳定性较差，尤其是钢铁材料容易锈蚀；其次，比其他材料的价格高，综合包装成本也较高。

金属包装材料按材料厚度可分为板材和箔材：板材主要用于制作包装容器；箔材是复合材料的主要组成部分。按材质可分为钢系和铝系两大类。金属容器是指用金属薄板制造的薄壁包装容器，常见的材料有马口铁、铝、铜等。目前，常用的金属包装容器有金属罐、金属软管、金属桶及金属箔制品。

金属包装材料广泛应用于食品、医药品、日用品、仪器仪表，工业品等（图 2-9 ~ 图 2-11）。

图 2-9　Arctic 糖果包装设计（设计：Lars Havard Dahlstrom，Jostein Sandersen）
金属外型配上实物照片，精致、可爱

图 2-10　化妆品包装设计（设计：Akemi Masuda，Chika Sato，Reiko Futatsuki）
日本高丝化妆品采用丙烯腈－丁二烯－苯乙烯、聚丙烯、苯乙烯丙烯腈等新型材料进行新一期的产品外形包装

图 2-11　按摩洗浴油包装设计（设计：Mario Milostic，Annette Harcus）
金属材质将设计师预想的色彩和光线真实的实现，充分体现了商品的现代感和科技感

（五）陶瓷包装材料

陶瓷是陶器和瓷器的总称，是我国传统的制作包装容器的材料。陶，分为普陶、细陶、精陶，为多孔、不透明的非玻璃质。瓷，分为高级釉瓷和普通釉瓷。高级釉瓷的釉面质地坚固、不透明、光洁；普通釉瓷质地粗糙、不透明、光润。瓷器比陶器结构紧密均匀，表面光滑，吸水率低。

陶瓷容器具有耐火、耐热、耐酸碱、不变形等特点，经久耐用，成本低廉，取材方便，其造型、色彩富有装饰性。缺点是易破损。

陶瓷按其包装造型分为缸、坛、罐、钵和瓶等多种。多用于酒类、泡菜、酱菜、调料等传统食品、工艺品的包装（图 2–12、图 2–13）。

图 2–12 新世纪酒鬼酒包装设计

出自艺术大师黄永玉之手的“酒鬼”酒瓶形似饱满且捆扎好的麻袋，以紫砂陶为制作原料，在返璞归真中显示历史的厚重感，用“麻袋”盛酒，暗示酒是粮食精华。体现了湘西少数民族纯朴率真、崇尚自然的民族天性

图 2–13 青花人物楼阁盖罐（明 弘治）

（六）木包装材料

木材是常用的原始包装材料之一，可分为板材、软木、人造板材等。板材由马尾松、红松等木材经过干燥加工而成。软木由软木树的树皮加工而成，具有防水、绝缘、质量轻、密封性好等特点，可做酒的封口木塞。人造板材可分为胶合板、纤维板、软木板等多种板材，具有耐热、耐水、抗压、抗菌、不易腐朽、不裂缝等特点。

目前，常用的木制包装容器有木盒、木桶（筒）、琵琶桶、框架木箱、胶合板箱、丝捆箱、储藏桶等。这既可做销售包装或礼品包装，又可做大型运输包装，很好地满足各种商品的仓储运输要求（图 2–14 ~ 图 2–16）。

图 2–14 维生素包装设计

为了帮助人们养成带维生素的习惯，设计师设计了一个大容量的包装，可放在床头或者厨房角落里。木材和纸材结合起来包装，通过精美的印刷，传达一种健康的精神

图 2-15 酒包装设计（设计：田中康夫）

图 2-16 用木板制成的运输包装设计（设计：Tracy Company）

这种箱式造型其特点表现为硬度强、可以二次使用

（七）复合包装材料

复合包装材料是将两种或两种以上的材料复合在一起，相互取长补短，形成一种更加完美的包装材料。即用层合、挤出贴面、共挤塑等技术将几种不同性能的基材结合形成的多层结构的“层合型”复合材料。使用多层结构形成的包装可以有效发挥防污、防尘、防紫外线、阻隔气体、保持香味、易于印刷和机械加工等功能。

复合包装材料分为基材、层合黏合剂、封闭物及热封材料、印刷与保护性涂料等。

例如复合使用塑料膜、铝箔等包装材料，可减轻容器的重量，降低成本，同时也易于回收处理，多用于食品和日用品的包装上（图 2-17）。

常见的牛奶和饮料的利乐包装材料就是由纸板层、食品级聚乙烯和铝箔组成。纸板为包装提供坚韧度，塑料起到了防止液体溢漏的作用，铝箔能够阻挡光线和氧气的进入，从而保持了产品的营养和品位（图 2-18）。

图 2-17 Paper Bottle，360 复合纸材料瓶设计（设计：Brandimage-Desgrippes & Laga）

该产品使用复合材料进行外包装设计，具有高阻隔性、高强度、耐油脂、防腐、防水、保鲜、冷冻、避光等特点

图 2-18 果汁包装设计

（八）其他包装材料

1. 再生纸

再生纸，就是以回收的废纸为原料，将其打碎、去色、制浆后重新生产出的纸张。大部分原料来源于回收的废纸，再生纸在制造过程中可以使废水排放量减少 50%，因而被誉为低能耗、轻污染的环保型用纸，以不同类别的废纸为原料可制成不同的再生复印纸、再生包装纸等。与传统纸材相比，这些用再生纸制作的绿色包装没有那么精美，印刷和质感也较为普通，但它轻便合理，既节约了资源又降低了包装成本，且可回收、可生物降解（图 2-19、图 2-20）。

图 2-19 再生纸包装设计（一）

图 2-20 再生纸包装设计（二）

2. 生物降解塑料

生物降解塑料是指一类由自然界存在的微生物如细菌、霉菌（真菌）和藻类的作用而引起降解的塑料。理想的生物降解塑料是一种具有优良的使用性能、废弃后可被环境微生物完全分解、最终被无机化而成为自然界中碳素循环的一个组成部分的高分子材料。

随着我国“白色污染”的加剧以及国际油价的攀升，国家出台了“限塑令”，传统石油基塑料的使用受到限制。使用生物降解塑料，既可以解决“白色污染”问题，也可以带动我国生物降解塑料产业的发展。与普通塑料相比，生物塑料可降低 30% ~ 50% 石油资源的消耗，减少我们对石油资源的依赖；同时在整个生产过程中，消耗二氧化碳和水，可以减少二氧化碳排放。另外，生物降解塑料可以和有机废弃物（如厨余垃圾）一起堆肥处理，省去了人工分拣的步骤，大大方便了回收处理。因此，生物降解塑料除了具有环保意义外，还具有节约能源的意义。

2000 年澳大利亚悉尼奥运会、2002 年美国盐湖城冬奥会、2005 年日本爱知世博会、2006 年意大利都灵冬奥会都使用了生物降解塑料制品。2008 年北京奥运会共使用了 7 种规格的生物降解塑料袋共计 500 多万个，这些塑料袋完全由玉米淀粉制成，在完成其使命后经过堆肥处理，一个月时间内全部降解，回归自然。北京奥运 90 余家官方签约酒店全部使用了由深圳某环保公司提供的食品包装容器，这些由生物降解塑料制成的餐盒既环保安全又美观时尚，可以像纸或木头一样简单地焚烧处理，释放的气体仅为普通塑料产品的一半，不会对环境造成污染。

图 2-21 索尼电子产品包装设计（设计：UX Creative Design Center, No Picnic, Sony Ericsson）

随着人类社会的不断进步，包装材料已呈现多元化、绿色化、复杂化、高科技化的形式发展（图 2-21）。

（九）选用包装材料的标准

包装材料能激发设计师无穷的创造力，因此设计师对包装材料的认识和选用非常重要。选用不同包装材料，需要考虑以下事项：

（1）内装产品的物理形态和化学属性。

（2）材料的加工工艺与使用性能。

（3）对产品有好的储存与保护功能。

（4）符合卫生、安全标准与环保标准。

（5）宜于印刷、运输与展示。

（6）成本和档次考虑。

（7）符合消费者对产品的认知。

二、包装容器造型设计

包装容器造型是一门空间立体艺术，是以玻璃、陶瓷、塑料、金属等材料为主，利用各种加工工艺在空间创造立体形态的设计。容器的主要用途是包装液态、粉状、粒状、膏状等状态的物品。常见的形态有瓶式、桶式、罐式、杯式、袋式、坛式、壶式、篓式、缸式、筒式等。食品、酒类、化妆品、药品、洗涤用品等商品的包装尤其注重容器的造型设计。

（一）包装容器造型的设计原则

1. 形态与功能结合

容器的首要功能就是要保护内容物的安全，所以首先要了解商品的形态与特性，选择适宜的材料有针对性地进行设计，起到有效地保护商品的作用。如某些化妆品、药品、啤酒等商品不宜受光线照射，就应采用不透光材料或透光性差的材料。其次，造型形态要尽量体现出对人的关心，在消费者携带和使用的过程中体现出便利性。那些形态美观、拿握舒适、开启方便、容易携带的包装容器无疑更受消费者欢迎（图 2-22 ～图 2-24）。

图 2-22　洗洁精包装设计

仿人体的容器造型，比例优美，拿握舒适

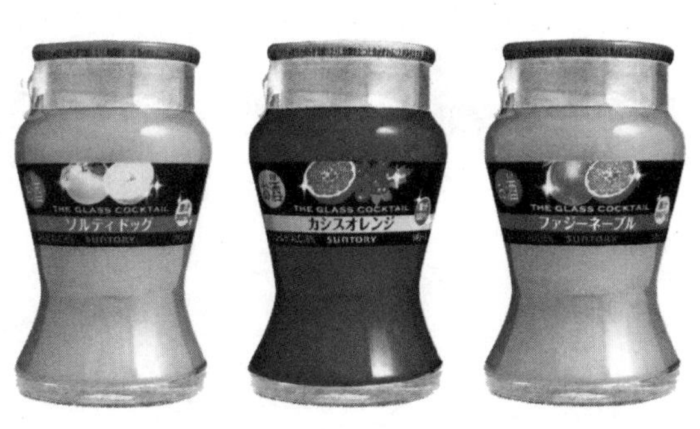

图 2-23　鸡尾酒包装设计（设计：内山淳子）

该容器形态美观、开启方便、容易携带

图 2-24 化妆品包装设计（设计：Studio One Eleven）

2. 工艺与艺术统一

包装容器是一种立体形态的创造过程，涉及内容物性质、材料、工艺与人机关系等因素。一个好的设计师，应该了解各种材料的不同性能和基本工艺常识以及人机工程学知识，设计时与生产环节充分沟通，将工艺与艺术完美统一，以技术手段在有限的物理空间中营造无限的艺术想象（图 2-25 ~图 2-27）。

图 2-25 食品包装设计
该容器的材料性能以及造型方便拿握挤压，符合内容物性质

图 2-26 娇兰、伊诗美“快乐美肤”系列包装设计（设计：Centdegres）
此乳霜容器造型圆润、饱满仿佛珠宝一般，体现了产品的抗衰老和预防早期皱纹的功效，上方的金属色罩盖则体现了产品丝一般的质地，展现了产品的青春感与活力感

3. 视觉与触觉兼顾

现代包装设计从形式功能的设计到为人的设计，对容器造型的要求也超越了物质的范畴，而追求设计的个性化、多元化，追求消费过程中心理上、情感上的共鸣。当消费者手握商品时，不光在视觉上得到审美感受，而且容器表面的光滑、细腻或是肌理起伏都会传达出某些情感特征。因此，容器造型应该视觉与触觉、甚至嗅觉兼顾，肌理与造型和谐统一，给人全方位的心理感受（图 2-28 ~图 2-30）。

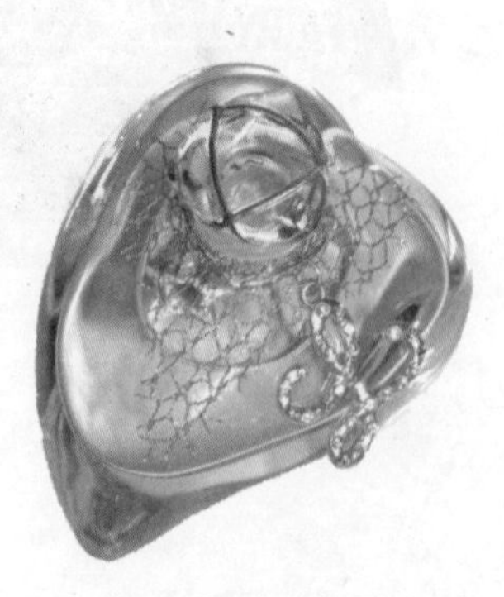

图 2-27 洛丽塔、L 香水包装设计（设计：Sylive de france designer）
此香水的淡香精是清新的花香与果香的结合。容器造型设计灵感来自于人鱼公主，淡蓝色的覆着海藻的海底贝类瓶身，流露出妩媚梦幻的美，仿佛海洋之心

图 2-28 Sopocani 百分百果汁包装设计
容器底部的“叶子”呈现独特的肌理效果，与平滑的瓶身形成对比，标签也顺势设计成叶子形状，视觉与触觉兼顾，使这款果汁很快在同类商品中脱颖而出

图 2-29 护肤品包装设计（设计：伊藤兼太朗、堀口硝子）
玻璃材质与独特的装饰手法相结合，配以蓝色的色调，使产品具有高贵、典雅的意蕴

图 2-30 纯净水包装设计（设计：Pulp）
将自然界的山川地貌镌刻在容器上，表明水的纯净品质

（二）包装容器造型的创意方法

包装容器造型设计属于三维空间的立体造型设计，因此在设计的思维方法上也应该是多样式、多角度的。

1. 形体塑造

（1）块的加减。大多数容器造型都是从立体的几何造型发展而来的，通过对圆柱体、球体、圆锥体、方锥体、立方体、长方体等基本的体块进行切割、组合、修饰等加减处理是获取新形态的有效方法之一。对体块的加减处理应考虑到各个部分的大小比例关系、空间层次节奏和整体的协调统一（图 2-31 ~ 图 2-34）。

图 2-31 “洗炼”香水包装（设计：雅克·法特）
为喜爱空间、真实、热情、外向的女性所设计

图 2-32 彩妆产品包装设计（设计：原田祐助、伊藤兼太朗）
通过对立方体进行体块的切割、修饰而成，每个剖面呈现不同的光感和色泽，使产品呈现独特的几何美感

图 2-33 纯净水包装设计（设计：Pedrita）
块的加减不仅使该容器形成独特的造型，而且还有利于组合、堆码

图 2-34 酒包装设计（设计：Linea design team）
大块面的切割，使该酒瓶粗犷、大气、独具一格

（2）面的起伏。打破传统容器造型的视觉习惯定势，使四平八稳的体面呈现横向或纵深的起伏转折变化，使容器体态呈现动态的曲线美。不过在设计时，应该考虑其变化要符合商品特性，并且不影响容器的功能（图 2-35 ~ 图 2-37）。

图 2-35 护肤品包装设计

对容器体面进行纵深的起伏转折变化，仿佛女性柔软的腰肢，结合清新的色彩，使产品呈现俏丽的外形

图 2-36 U'LUVKA 伏特加酒包装设计（设计：Christopher Dresser）

图 2-37 护肤品包装设计

（3）线的修饰。对造型形体表面有规律地施加线条修饰，其线形变化可以产生良好的手感和视觉效果。线的变化形成细小的面，如果是玻璃容器，在光照条件下会形成各种折光和阴影效果，使物体更具立体感和空间感。线的修饰可以有粗细、曲直、凹凸以及数量、方向、部位的变化（图 2-38 ～图 2-41）。

图 2-38 香水包装设计（设计：英国 Angela Summers, Vincent Villeger 公司）

线的修饰看似凌乱实则有规律，使容器产生良好的手感和不同寻常的视觉效果

图 2-39 "Sence™ Rose Nectar", Sence™ 玫瑰花蜜包装设计（设计：Tihany）

设计师对容器表面有规律地施加线条修饰，线的变化形成细小的面，在光照下透明的玻璃瓶产生折光效果，有一种波光粼粼的感觉，使整套产品光彩照人、具有良好的空间感和节奏感

2. 比例变换

比例变换指改变容器瓶身比例关系。通常情况下，玻璃、陶瓷或者塑料容器瓶状造型的比例关系总是固定在一定范围之内，但如果打破这种常规的大小比例关系，包装容器的造型就会呈现焕然一新的面貌（图 2-42、图 2-43）。

3. 质材对比

材料和肌理的对比可以使对比的双方都得到加强，利用这个原理，在容器造型设计时

图 2-40 “清流七茶”包装设计（设计：Asano Kozue）

图 2-41 矿泉水包装设计

线的修饰使该容器拿握稳当，而且衬托出水的清澈纯净

图 2-42 美容用品包装设计（设计：白井信之）

一反常规的比例关系，使容器瓶盖与瓶底的大小、比例相同，而中间部位突出，结合柔和的色彩，使产品端庄大方，散发出迷人的魅力

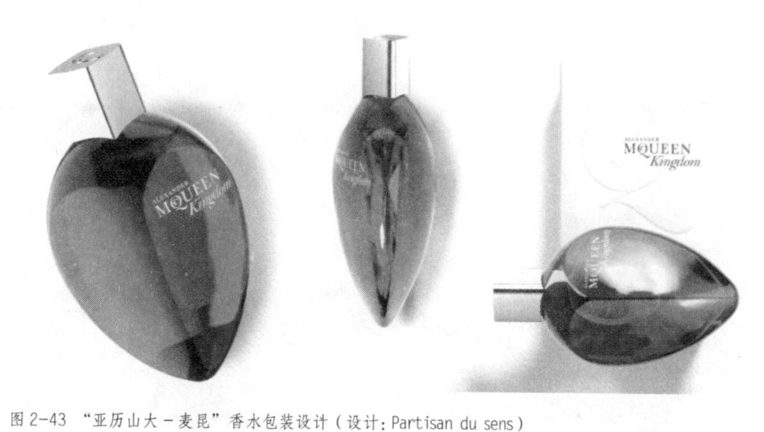

图 2-43 “亚历山大－麦昆”香水包装设计（设计：Partisan du sens）

此款香水完全不考虑一般市场的规则和常规的比例关系，以自由的精神去构思其形体，重新诠释心的概念。锌铝镁合金的瓶盖、侧向的摆放方式，以及如红宝石一般的色泽，散发着大胆、浪漫、自由的女性魅力，对消费者产生了强烈的诱惑

运用材质不同的肌理效果产生对比，可以增加视觉效果的层次感，使主题得到升华。比如在玻璃容器中，使用磨砂或喷砂的肌理效果，但在品牌标识部分却保持玻璃原来的光洁透明，这样不需要色彩表现，仅运用肌理的变化就可以达到突出品牌的效果（图 2-44 ~ 图 2-47）。

图 2-44 液体包装设计（设计：Anicka Yi& Maggie Peng）

该瓶是由原雪松木切割而成的建筑几何图形，木材与瓶盖的金属材质形成对比，每个优雅的木制瓶都是独特的

4. 模拟仿生

大自然中多姿多彩的自然形态的变化，为容器造型设计提供了灵感的源泉。山川气象、鸟兽鱼虫、花草树木，以及人类本身都蕴含着美的本质。设计师启迪创造想象，以自然形态为基本元素模拟仿生，通过高度概括、提炼、抽象、夸张等艺术手法，体现出包装造型的艺术性和趣味性和实用性。设计时可根据不同商品进行拟人或拟物设计（图 2-48 ~ 图 2-53）。比如，水滴形、树叶形、葫芦形、月牙形常常被运用到容器造型设计当中。

图 2-45 “MOR”洗浴用品包装设计

竹制材料与金属质材结合，蚀刻和手绘并用，彰显产品特色

图 2-46 香水包装设计（设计：Denis Boudard）

玻璃、金属和棉、麻等自然材料不同肌理的结合，提升了产品的档次

图 2-47 车用润滑剂包装设计

粗糙与光滑的肌理对比，使容器外观得到更加强烈的视觉效果，突出了品牌

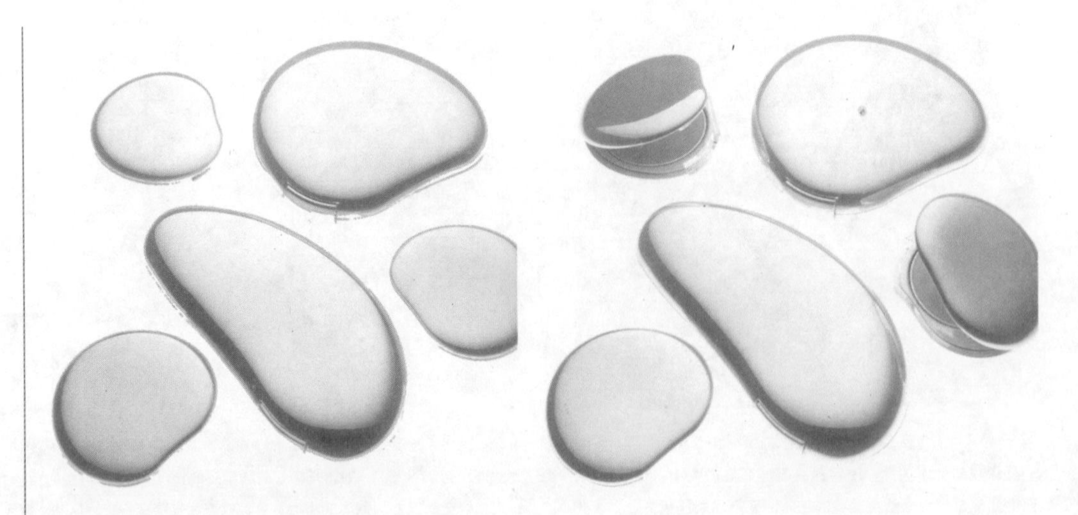

图 2-48 化妆品包装设计

模拟鹅卵石形态，呈现不规则排列，自然、生动、饶有趣味

图 2-49 爱葛莎、亲吻香水（设计：席勒维－德－法兰西设计公司）

整个容器是嘴唇的形状，以染色玻璃制作，并刻上一颗“亲吻”（西班牙文 Beso）的粉红心嵌入在双唇之中。透明的橘色瓶盖与深红色、玫瑰色的瓶身相得益彰，衬托出浪漫、温馨的气氛

图 2-50 “高提耶”2007 年圣诞香水（设计：Pink design）

容器模拟人体造型，包装上的所有装饰都采用了圣诞节特有的元素：圣诞树、彩球和花环饰物等，好似邀请人们加入这个节庆中

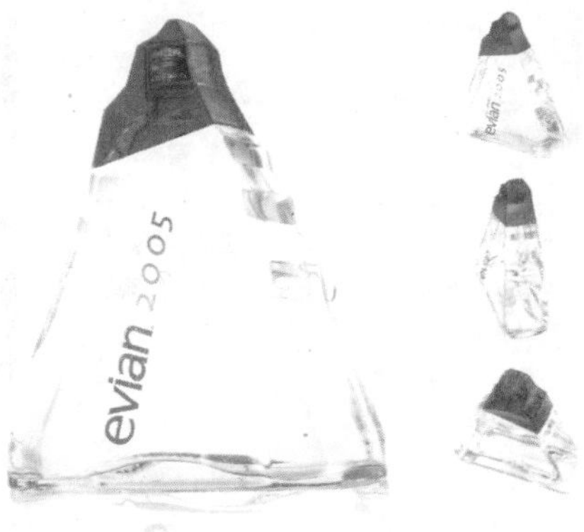

图 2-51 法国 Evian 矿泉水珍藏纪念瓶包装（设计：Kenneth Cole）

以阿尔卑斯山为设计原型，突破常规柱形瓶的思维惯性，突出表现了该产品的地域特色与品牌背景

图 2-52 香水包装设计（设计：村田英子）

以植物为元素进行的容器造型设计，自然、清新

图 2-53 “宝诗龙”烦恼香水（设计：Partisan du sens）

瓶盖的动物造型，使香水充满神秘感。而且此款香水，经摇晃后会出现金色漂浮粒，从而显现出一种特殊质感。在停止摇动后，瓶身上覆盖的一层金幔渐渐退却，转而恢复原来的红色。设计师巧妙地把这种效果引用到了外包装，每次光线映射到外包装盒上的金色微粒时，摇晃香水所带出的奇妙效果便在包装盒上再度出现了

模拟仿生的造型手法，使包装容器新颖、独特，使人感到亲切、熟悉，让人爱不释手，对商品起到良好的促销作用。但应该注意的是，对自然形态进行模拟而不应是简单的复制。齐白石曾说：画就在于似与不似之间，太似了则媚俗也。包装容器造型设计也是这个道理。

5. 传统借鉴

我国历史悠久，传统文化艺术博大精深。中华民族也是世界上最早拥有包装的民族之一。包装容器造型的设计应深入挖掘我国丰富的文化遗产，寻觅和收集民族艺术的精华，用现代的审美观和先进的科技手段，借鉴传统、民间的各种造型方式，将之重新解构、改造和发展，以达到传统文化与现代创新理念的完美结合（图 2-54、图 2-55）。如用传统门神造型为酒瓶创意来包装平安酒，以传统“老酒窖”造型为酒瓶创意来包装泸州老窖酒，体现历史悠久的窖酒老陈品质。还有用玉玺、酒爵、神鼓等传统、民间的造型为创意元素，用现代审美观和新材料、新工艺、新科技的有力配合，进行传统产品的包装设计。

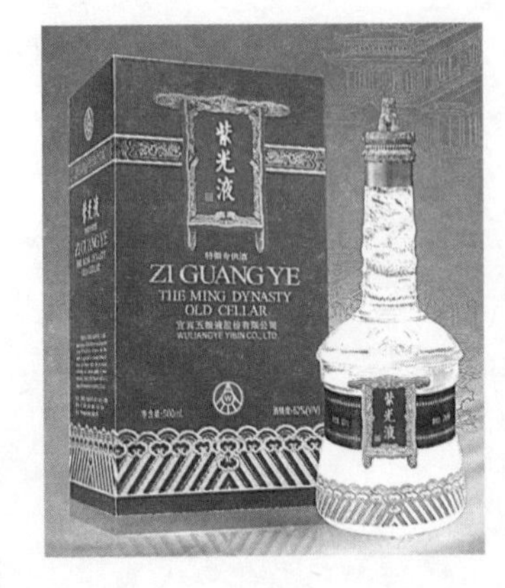

图 2-54 紫光液酒包装设计

该容器造型将中国清代皇家传统风格和现代时尚结合起来。瓶盖造型为天安门华表上的瑞兽“望君归”，容器中部镶嵌着金碧辉煌的门额金属牌，造型取自中南海紫光阁的门额，水晶玻璃容器下部采用最新工艺烧制着象征皇权社稷的海水江牙图案，呈现出地道的皇家风范。整个造型“京味”十足，具有传统文化底蕴和较强的艺术感染力

图 2-55 平安酒包装设计

6. 材美工巧

设计与技术是相辅相成的，设计创意不要完全被技术所限制，而技术也会因设计创意而更上层楼。积极采用新技术、新工艺，运用新型材料能为包装容器造型提供更为广阔的设计天地（图 2-56 ~ 图 2-58）。例如美国一家公司向市场推出了一种带有自动冷却装置的新型汽水罐。这种汽水罐附有一个漏斗形的微型储气筒，里面密封装了用作冷却剂的二氧化碳。罐盖与储气筒之间用细管连接，当拉开罐盖时，细管断开，储气筒中的二氧化碳

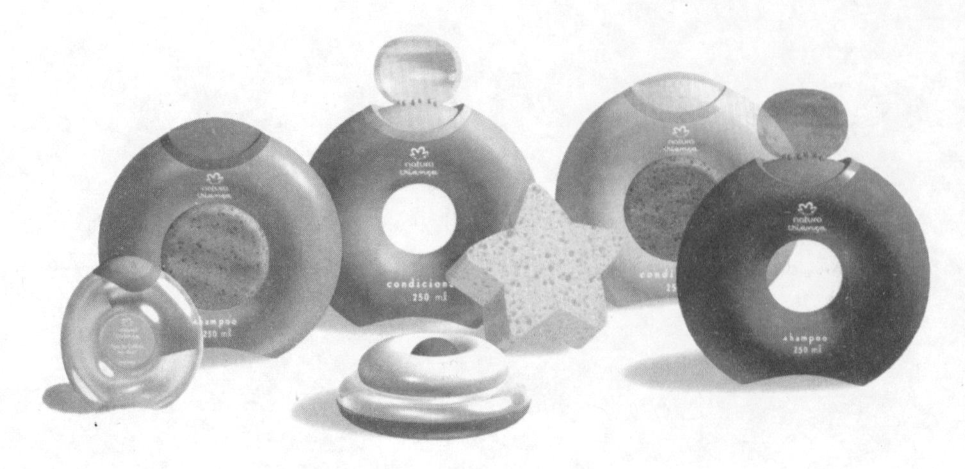

图 2-56 自然香水包装

巴西的自然化妆品公司针对个人护理研发一种可进行重复使用的包装材料，最终定下来的设计是一个圆滑而现代的造型，其主要特征是瓶底有个螺旋塞来补充最初的零售产品

图 2-57 绿茶包装设计（设计：清水千春）

自然、生态材料的应用，使该产品更加深入人心

便从管口逸出，从罐内汽水吸收大量热量，三分钟后，罐内汽水便变成了清凉可口的“冰水”。可以设想一下，以后喝冰汽水是不是都不用从冰箱里拿了呢，既省事又节约了能源。

在环保意识日益增强的今天，积极运用可降解的新材料进行容器造型设计也是一条可行的创新之路。例如瑞士勃兰德公司研制成功一种既防水又可溶于水的塑料包装容器，用来包装食品，不但能防水，废弃后放入水中即可自行溶解，不会对环境造成污染。新技术、新工艺和新材料赋予包装造型更大的可塑性，使许多产品获得了成功，同时还在一定程度上引导生产方式和消费者生活方式，推动了社会文明的发展。

图 2-58 “Lanjaron” 纯净水 在透明塑料瓶底部加入了冰山结构的设计，突出产品的冰凉可口和自然纯净，独特的瓶底设计，为产品增加了亮点

（三）包装容器造型的设计程序

包装容器造型从创意构思到模型制作到最终的生产加工，要经过不断地修改、完善，一般要经过草图、效果图、模型制作与工程制图几个环节。

1. 调查研究

首先向商业、贸易部门了解商品销售地区的销售情况、价格、消费者层次及爱好。向制造部门了解产品的材料、性能、工艺流程、生产设备等。向市场和用户了解该产品原来的使用情况，以及对产品功能的反映。尽可能多地了解所设计产品的发展历史，收集国内外同类产品资料，总结和把握包装容器造型的流行趋势。并对产品和容器进行功能分析，尽可能创造出实现同样功能但实际价值更高的产品。

2. 草图、效果图

消费者实际购买的是一种满足其生活需要的功能，围绕商品属性和容器的功能，对容器造型进行多角度创意构思，以草图和效果图表现出来，并不断修改加以完善。目的是在平面空间快速、准确、概括地表现出立体形态的变化、材质及色彩效果（图 2-59 ~ 图 2-64）。

3. 模型制作

模型制作是对草图和效果图的立体实现，便于进一步推敲和验证。容器模型可用油泥、石膏、黏土、木料、塑料等材料制成。制作时根据平面草图，将制作材料的毛坯切割成基本型，然后根据容器造型特点，采用各种工具

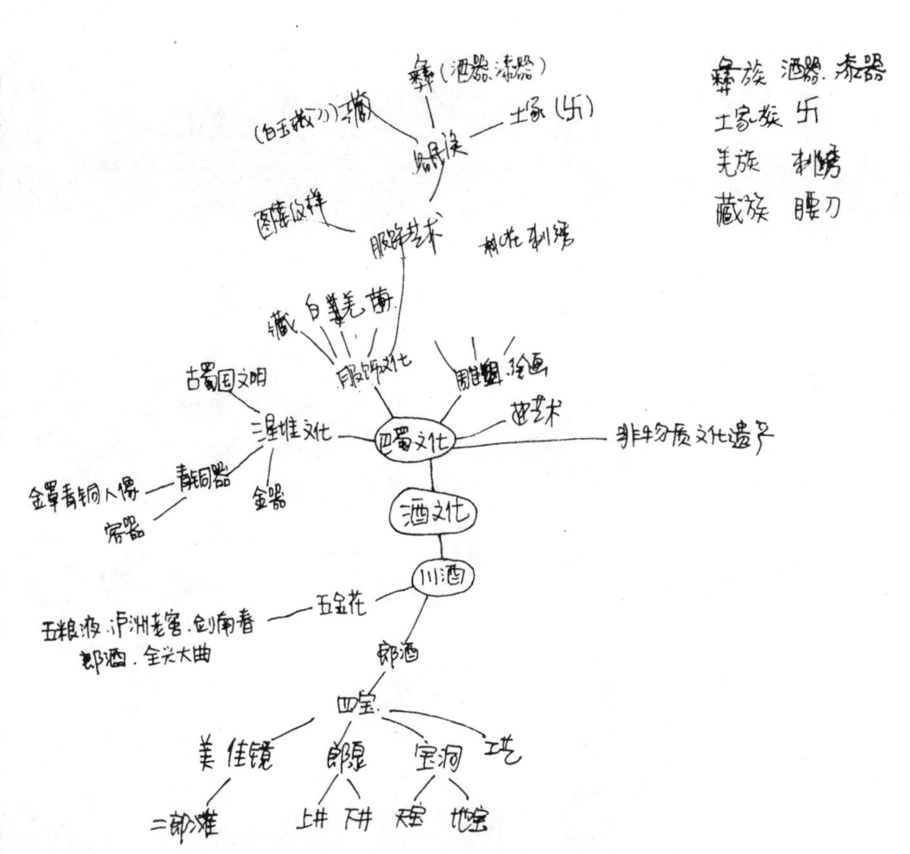

图 2-59 新郎酒发散思维草图（设计：李荣强、赖静慧，指导：王娟）

图 2-60　新郎酒酒瓶造型手绘草图（设计：李荣强、赖静慧，指导：王娟）

图 2-61　“四宝”设计草图（设计：李荣强、赖静慧，指导：王娟）

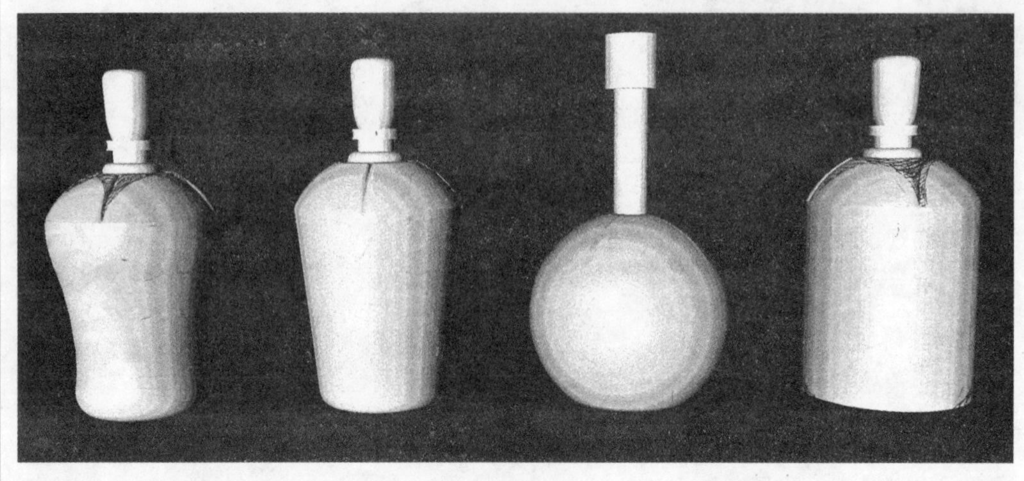

图 2-62　酒瓶造型建模效果图（设计：李荣强、赖静慧，指导：王娟）

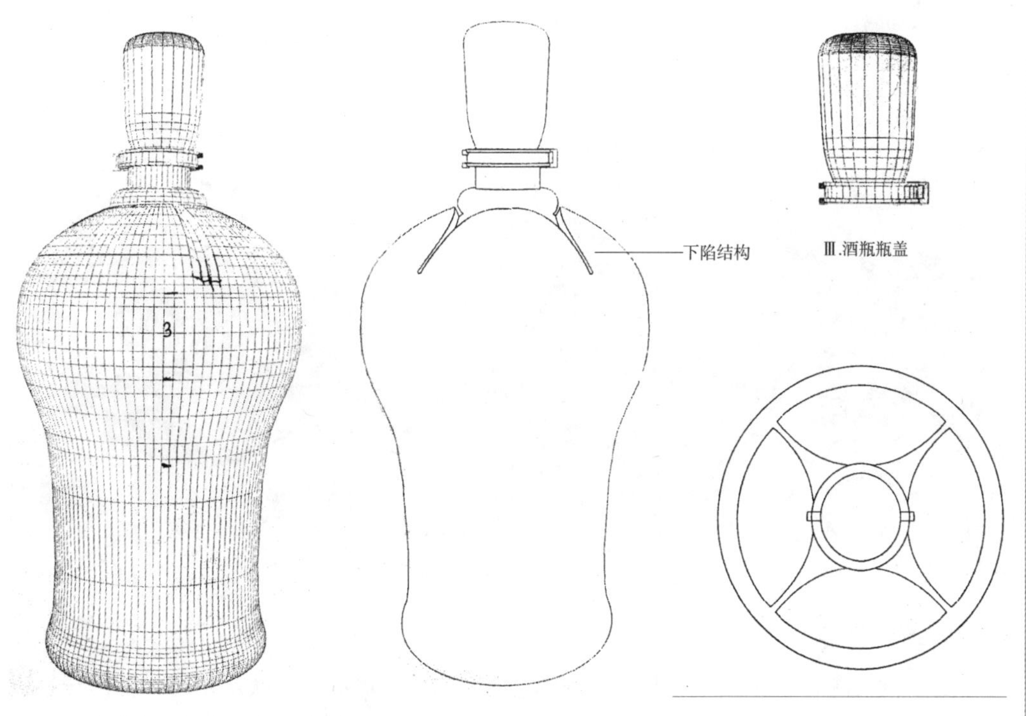

图 2-63　酒瓶结构图（设计：李荣强、赖静慧，指导：王娟）

图 2-64　“四宝迎新”新郎酒包装设计效果图（设计：李荣强、赖静慧，指导：王娟）

以郎酒文化为主线，郎酒闻名于“四宝”——美景、郎泉、宝洞、工艺。设计中把从“四宝”中提炼而来的四幅线描图案作为基础元素，融合在瓶身、酒盒的圆弧造型上，将“新”郎酒的“旧”文化直观、新颖、优雅别致地展现出来。该作品荣获东方之星“香港永发杯”包装设计大赛学生组酒包类银奖

进行深入细致地加工，最后还可以对其进行涂色、喷色、上光、结扎等效果处理，使整个容器形态更加形象、逼真（图 2-65 ~图 2-67）。

4. 方案测评

模型制作后可邀请相关人员参加对方案的评价，听取各方面意见，必要时作详细说明，以利于提出更佳的方案。

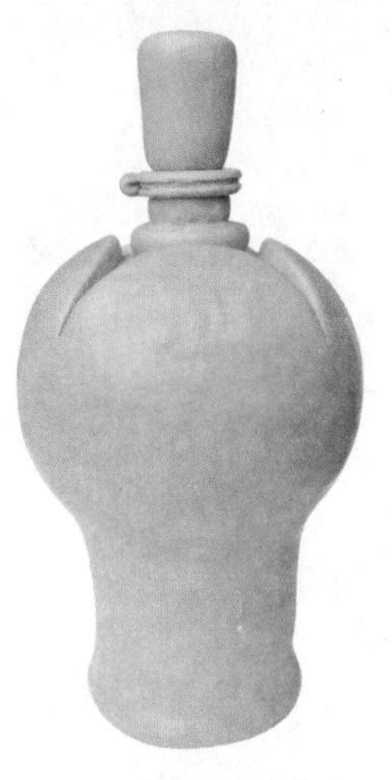

图 2-65 新郎酒容器模型 1（设计：李荣强、赖静慧，指导：王娟）

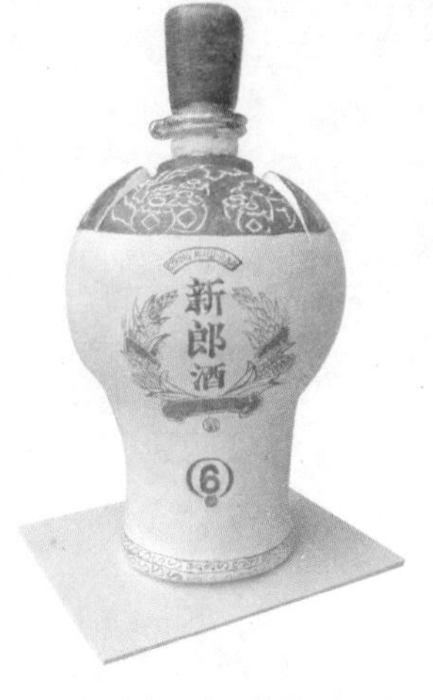

图 2-66 新郎酒容器模型 2（设计：李荣强、赖静慧，指导：王娟）

图 2-67 新郎酒容器模型 3（设计：李荣强、赖静慧，指导：王娟）

5. 工程制图

进行方案测评、听取有关人员意见后，综合构思方案的优、缺点，进入实样制作阶段。最后根据实样绘制出工程图。工程制图是根据投影原理画出三视图，即正视图、侧视图和俯视图。有时根据需要表现出剖面图和底部平视图（图 2-68）。制图要严格按照工程制图技术规范的要求来绘制。

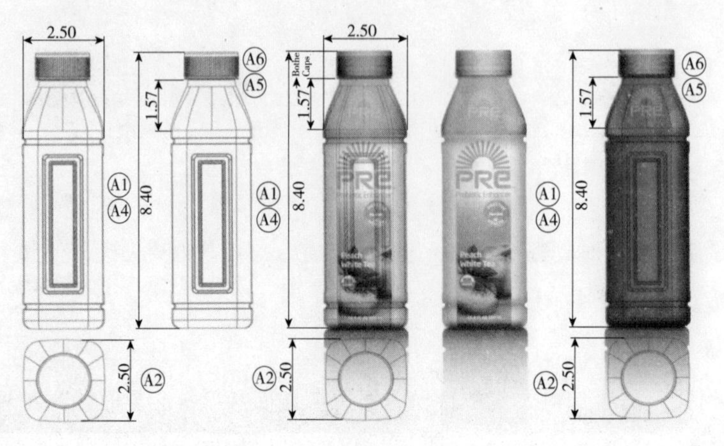

图 2-68 PRE 饮料品牌塑造和包装设计（设计：汤姆·图尔）

设计链接：学生包装容器造型设计作业集锦

选自广东工业大学艺术设计学院视觉传达设计系本科生作业 指导教师：王娟

01 设计：陈肖婵

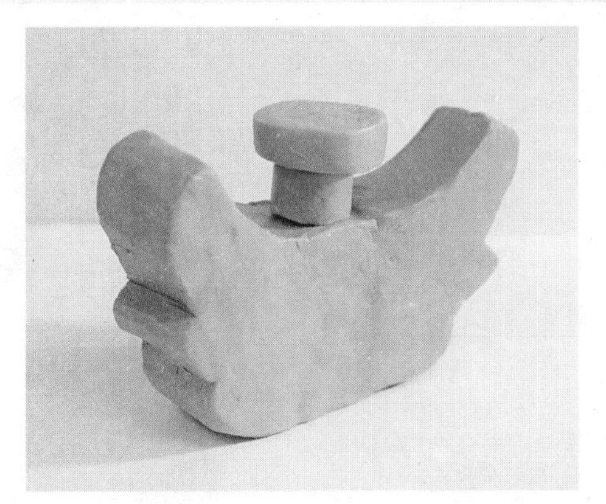

02 设计：郭洵汐

03 设计：范婕

04 设计：严云慧

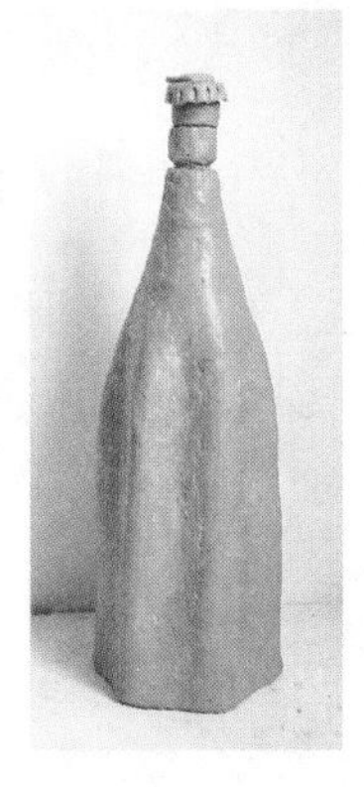

05 设计：梁嘉业

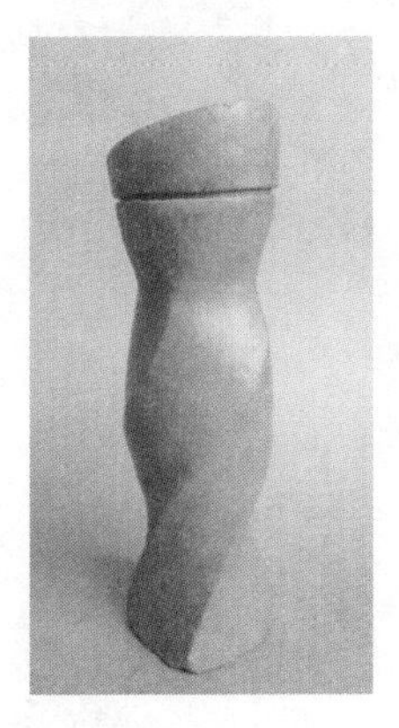

06 设计：李小玲

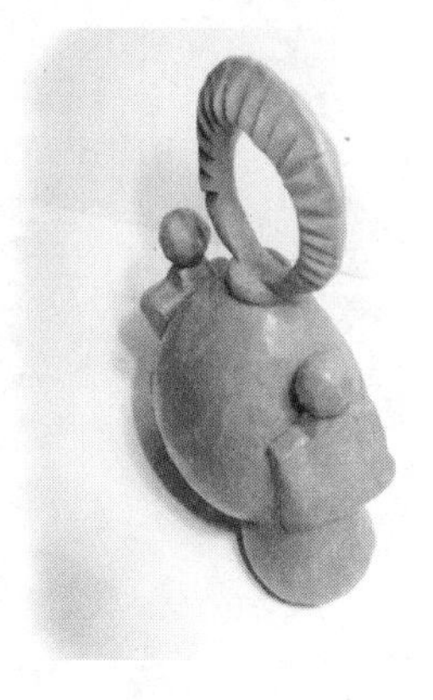

07 设计：陈肖婵

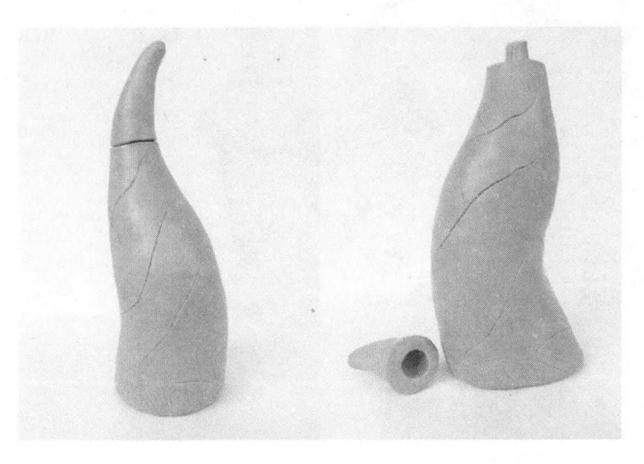

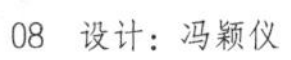

08 设计：冯颖仪

09 设计：张仙花

10 设计：邓美婷

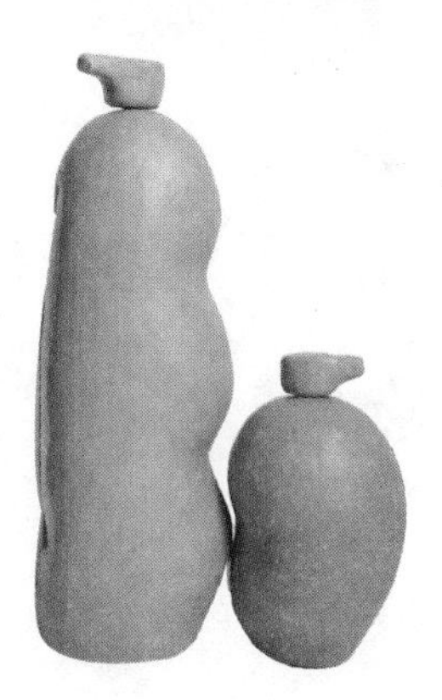

11 设计：谭珍珍

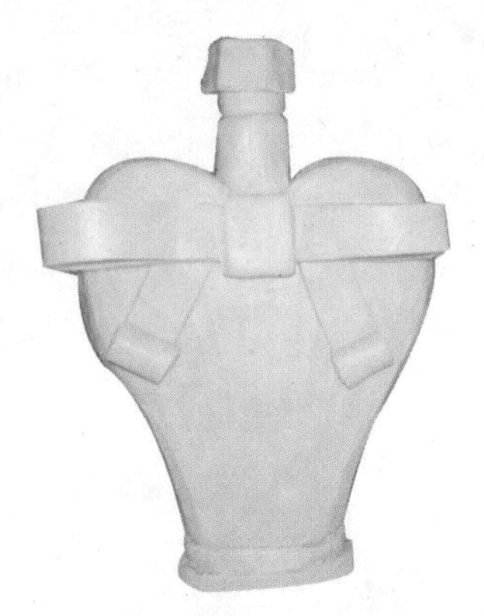
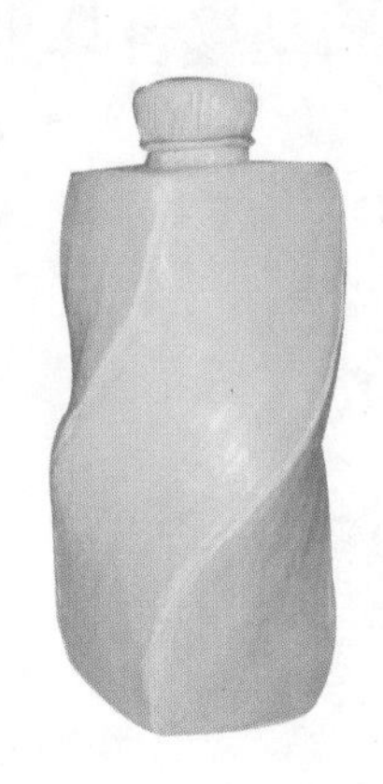

12 设计：邓斯敏

13 设计：廖晓丽

14 设计：刘淑芬

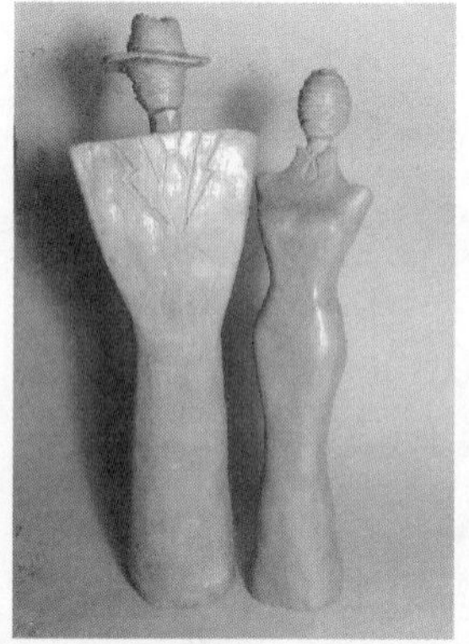

15 设计：邓瑞熙

16 设计：罗楚茵

17 设计：陈家宜

18 设计：陈嘉琪

19 设计：曾华瑞

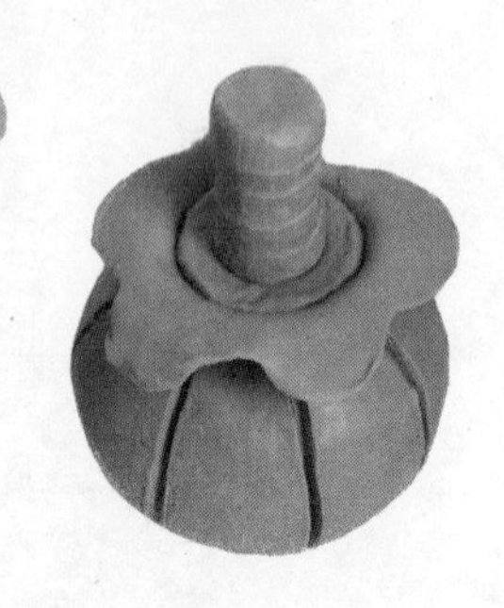

20 设计：朱彩云

21　设计：徐天芹

22　设计：杨倩仪

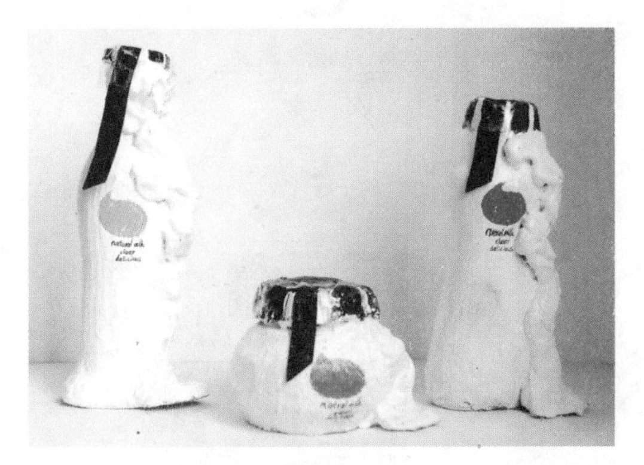

23　设计：杨海琼

24　设计：沈凯欣

25　设计：谭琬靖

26　设计：曾楚红

27 设计：杨兰

28 设计：杨兰

三、纸盒包装结构设计

包装结构设计是根据不同包装容器的成型方式和各部分结构要求，采用不同材料对包装的外形结构和内部构造所进行的设计。

在开始包装结构设计前要了解客户的需求，并了解包装结构需要解决的所有问题：运输与仓储、产品的展示与促销、材质的选用及环境的考量、包装内是否需要填充物，以及原料、生产与运输的成本等。

目前包装结构设计涉及较多的是纸盒结构。因为纸具备多种优良特性，易于加工成型，结构变化多样，是运用最广泛的包装材料（图 2-69）。

图 2-69 食品包装设计

（一）纸盒包装基本结构

1. 折叠纸盒结构

折叠纸盒是把较薄的纸板经过裁切、压痕后，通过折叠组合的方式成型，其应用范围最广，结构与变化最多。一般选用耐折纸板或细小瓦楞纸板作原材料，在包装内容物之前可以平板状折叠进行运输和储存。

（1）管式折叠纸盒。管式折叠纸盒在日常包装形态中最为常见，很多食品、药品、日常用品的纸盒包装都采用这种结构形式。此类纸盒的盒盖所位在的盒面在诸个盒面中面积最小，如牙膏盒等。其盒身基本形态为四边形，盒体的侧边有粘口或采用栓锁结构形式以固定纸盒（图 2-70 ~图 2-73）。

由于盒盖结构不同，可分为摇盖插入式、锁口式、插锁式、弧线封口式、粘合封口式等。

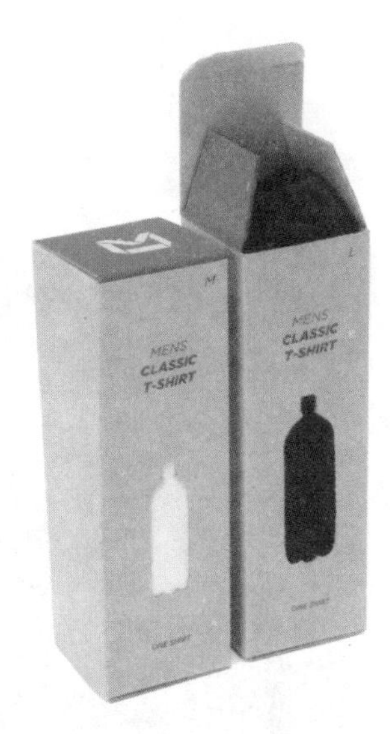

图 2-70 摇盖插入式管式折叠纸盒

图 2-71 弧线封口式管式折叠纸盒（设计：冯晓琳，指导：王娟）

图 2-72 弧线封口式管式折叠纸盒（设计：陈坚荣、高嘉浩、杨冠挺，指导：王娟）

图 2-73 粘合封口式管式折叠纸盒（设计：木村胜）

由于盒底结构不同，可分为花形锁、别插式锁底、自动式锁底、摇盖插入式封底、间壁封底式等。

（2）盘式折叠纸盒。此类纸盒是由一页纸板以盒底为中心，四周以直角或斜角折叠成主要盒形，角隅处通过锁、粘或其他方法封闭成形。如果需要，此盒形的一个体板可以延

图 2-74 摇盖插锁式盘式折叠纸盒包装（设计：PakSum Leung）

伸组成盒盖。与管式折叠纸盒有所不同，这种纸盒主要的结构变化在盒体位置，盒底几乎无结构变化。盘式折叠纸盒由于高度较低，其主展示面往往较大，多用于纺织品、服装、食品、礼品等商品的包装。

由于盒身结构不同，可分为别插式、栓锁式、粘合式。

由于盒盖结构不同，可分为摇盖插锁式、插入式、罩盖式、抽屉式、书本式等（图 2-74 ~ 图 2-77）。

2. 粘贴纸盒结构

粘贴纸盒是用贴面材料将纸板粘合裱贴而成，成型后不能再折叠成平板状，而只能以固定盒型运输和存储，又称固定纸盒。一般选择挺度高或较好的耐折纸板手工制作。其表面可以糊裱绸、绢、革、金属箔、彩色纸、蜡光纸、铜版纸等。

粘贴纸盒盒坯的结构形式与折叠纸盒一样，分为管式和盘式两类（图 2-78、图 2-79）。

图 2-75 摇盖插入式盘式折叠纸盒包装

图 2-76 罩盖式盘式折叠纸盒（设计：Jenn David Connolly）

图 2-77 抽屉式盘式折叠纸盒

图 2-78 管式粘贴纸盒

图 2-79 盘式粘贴纸盒（设计：王健芸、吴祖宜，指导：王娴）

（二）纸盒包装特殊结构

1. 手提式

纸盒和手提为一体结构，互相锁扣，也可利用内装商品本身伸出盒外的提手。手提式纸盒携带最为方便、简洁，且成本低，体积和重量较大的销售包装常加以手提式结构处理（图 2-80、图 2-81）。

2. 组合式

组合式是由一张纸折叠而成的两个或两个以上相同造型的结构（图 2-82），每一个盒

图 2-80 手提式包装盒

图 2-81 手提式包装盒（设计：阳丰）

蔡洪光系列书籍包装采用手提式便捷设计，旨在方便读者购书时携带

中放一件物品，促进销售和便于计数。

3. 仿生式

通过对自然界的人及动植物的形态特征的模仿，经过提炼、概括的表现手法，使包装形态形象、生动、幽默（图 2-83 ~ 图 2-85）。

4. 开窗式

通常在盒身或盒盖上开一个天窗，便于消费者直观看到内容物，充分展示出商品的一部分或全部，以增加消费者对商品的信心，从而达到促销的目的。开窗孔的大小、形状和位置要根据商品的特点和画面来进行设计（图 2-86、图 2-87）。

图 2-82 组合式包装盒（设计：Shigeta Motoe）

图 2-83 仿生式包装盒（设计：俄罗斯 Alexey Hattomonkey）

图 2-84 仿生式包装盒

图 2-85 仿生式包装盒（设计：邱子谦、余德威，指导：阳丰）

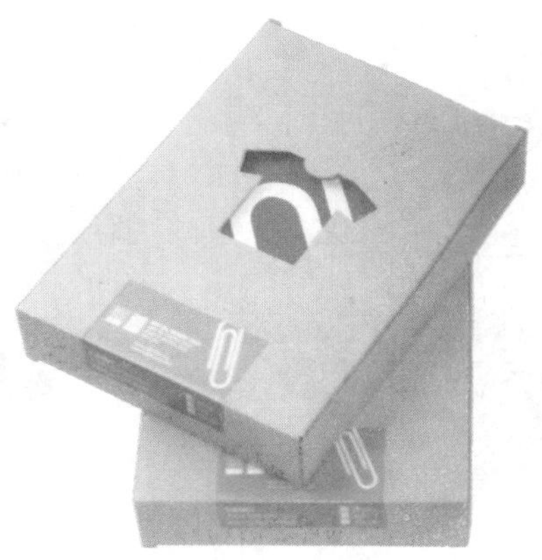

图 2-86 开窗式包装盒

图 2-87 开窗式包装盒

5. POP 式

一般在售卖点陈列，通过纸盒结构的部分增加或延展，使其结构具有保护商品，又具促销功能和陈列、展示效果，起到现场广告的作用（图 2-88、图 2-89）。

6. 吊挂式

吊挂式是节省展销场地的一种形式，吊挂结构可以附加也可以是自身的变化处理（图 2-90、图 2-91）。往往与开窗式相结合以展示内容物。

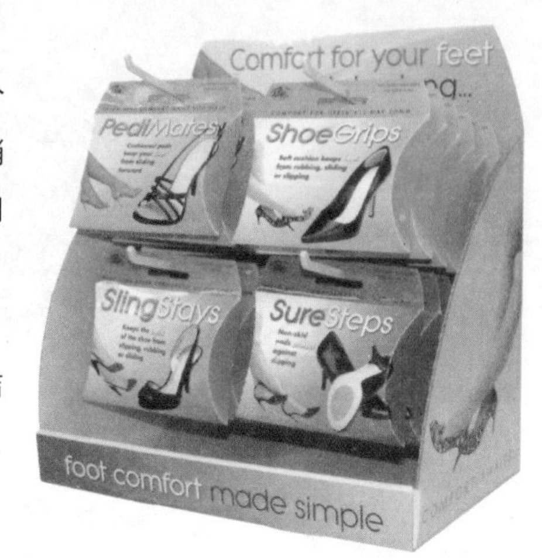

图 2-88　POP 式包装盒

图 2-89　POP 式包装盒

图 2-90　吊挂式包装盒（设计：Sarah Moffat）

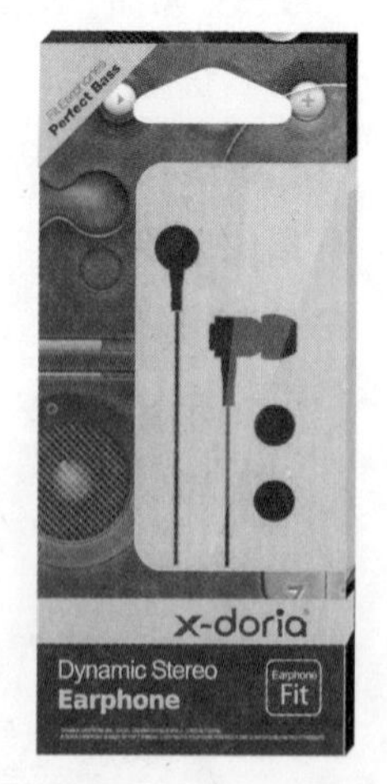

图 2-91　吊挂式包装盒（设计：肖明、蒋瑾）

7. 封闭式

防盗盒，全封闭（图 2-92）。主要形式如沿开启线撕拉开启的形式，以吸管伸入小孔吸用内容物的形式，附加小盖的封闭形式等，它多用于药物包装，饮料包装。

8. 其他异形结构

（1）通过折叠线变化形成的造型（图 2-93、图 2-94）。通过弧线、直线的切割和面的交替组合，呈现出来的包装造型。其变化幅度较大，造型独特、有趣、美观、富有装饰性。

（2）通过盒盖变化形成的造型（图 2-95 ~ 图 2-97）。盒盖通常并不具有装载商品的功能，而只是起到密闭的作用，通常在盖的部位，材料空间都有一定的余地，通过精心设

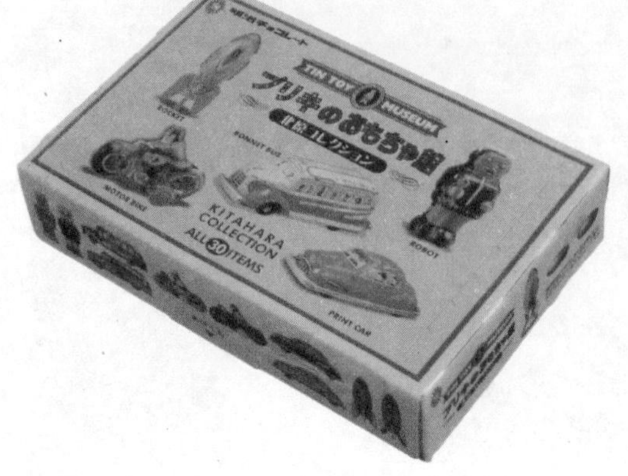

图 2-92　封闭式包装盒（设计：木村胜）

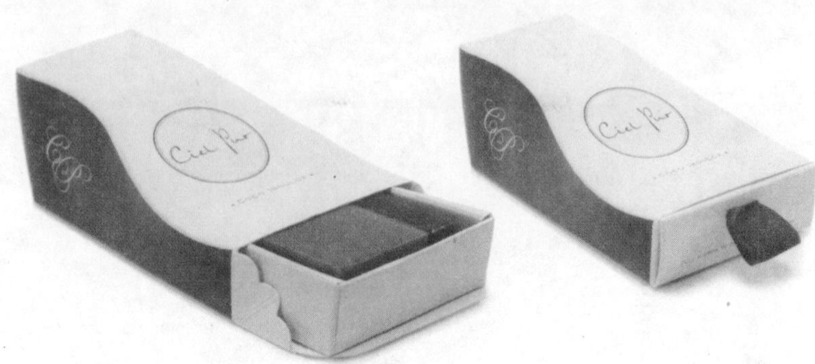
图 2-93　折线变化形成的造型

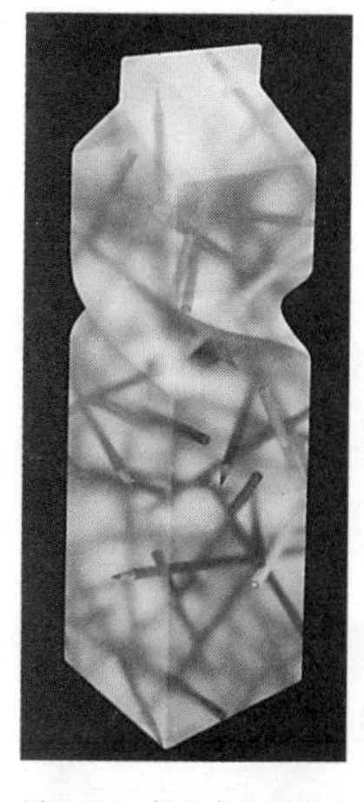

图 2-94　折线变化形成的造型（设计：田中康夫）

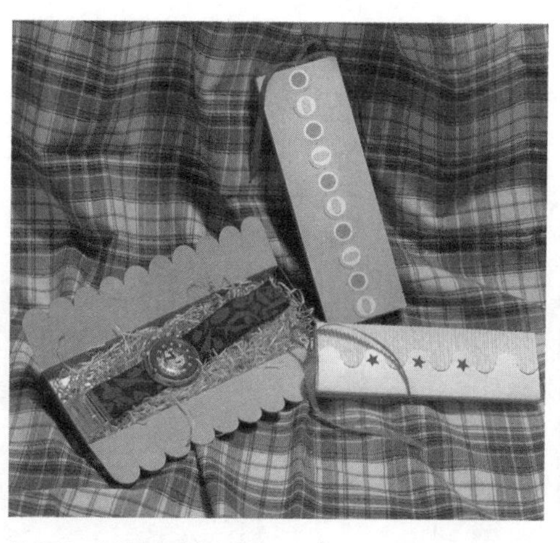

图 2-95　盒盖变化形成的造型

长形扣式礼盒，由许多小半圆扣和起来，造型新潮可爱，很适合包装手表、笔等长方形物品

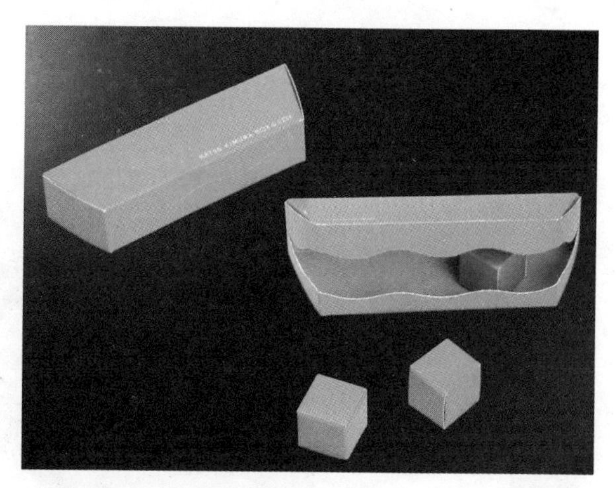

图 2-96　盒盖变化形成的造型（设计：木村胜）

图 2-97　盒盖变化形成的造型

精巧叶型礼盒，可用来包装小饰品、小点心之类的礼物，清新自然

计盒盖的变化，可为整体纸盒结构造型画龙点睛。

（3）通过盒体体块的增减变化形成的造型（图 2-98、图 2-99）。在常态纸盒方形结构的基础上，将方形的体块进行增减、加以改变，以此来塑造新的形态，如变成三角形、梯形、多边形等。

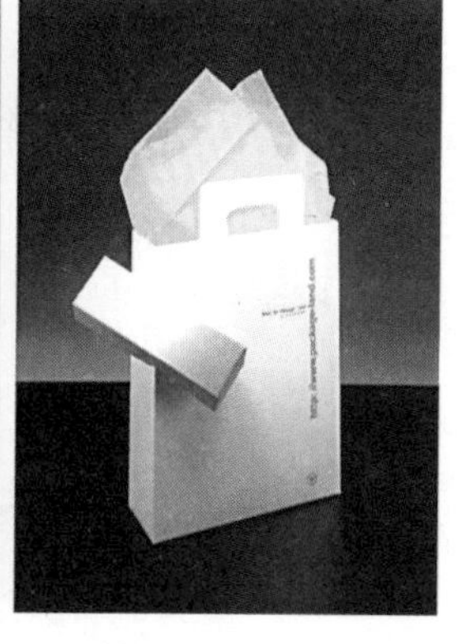

图 2-98　盒体变化形成的造型（设计：田中康夫）

图 2-99　盒体变化形成的造型

（三）纸盒包装的内部结构设计

（1）增加内衬或间壁（图 2-100）。是在纸盒内部增添部分专门设计成型的内衬或搁板构造，或延伸扩大纸盒的一部分，通过结构设计将其折叠，使它具有隔断或内衬固定产品的作用。

（2）组合式套装法（图2-101）。对于有些产品（如巧克力、高级香烟等）可以采用大包装内套小包装的组合形式改变内部造型。

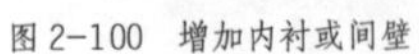

图2-100 增加内衬或间壁

图2-101 组合式套装法

（四）纸盒包装的设计制图

（1）包装设计主要绘图设计符号如图2-102所示。

（2）纸张插套连接方式如图2-103所示。

（3）纸盒包装基本结构图如图2-104～图2-113所示。

线型	线型名称	用途
————	粗单实线	裁切线
— — — —	粗单虚线	齿状裁切线
- - - - - - - -	细单虚线	内折压痕线
— · — · —	细点划线	外折压痕线
═ ═ ═ ═	细双虚线	双压痕线
←→ ↕	双向箭头符号	纸张纹路方向标注

图2-102 包装设计绘图设计符号

图2-103 纸张插套连接方式

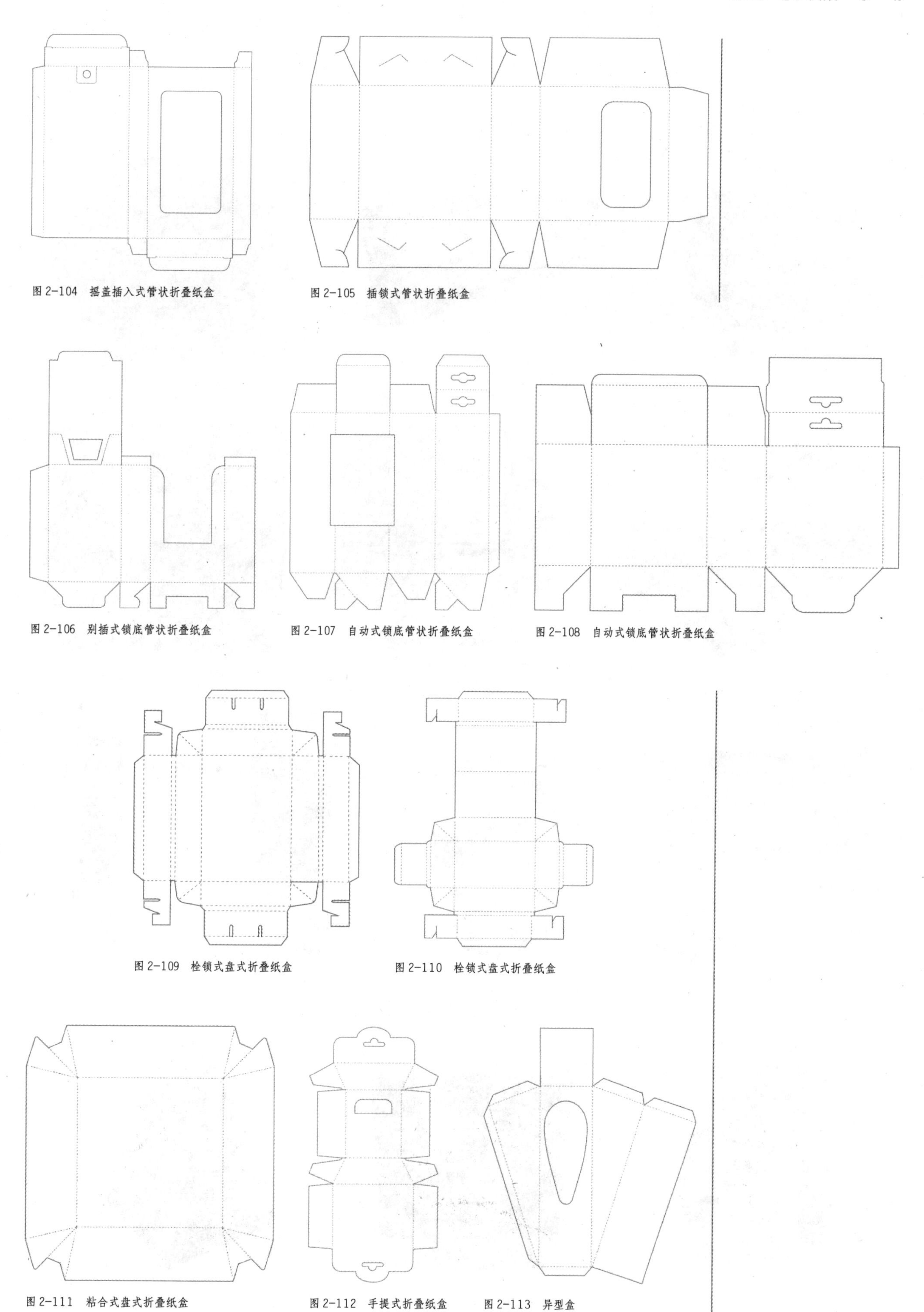

图 2-104　摇盖插入式管状折叠纸盒

图 2-105　插锁式管状折叠纸盒

图 2-106　别插式锁底管状折叠纸盒

图 2-107　自动式锁底管状折叠纸盒

图 2-108　自动式锁底管状折叠纸盒

图 2-109　栓锁式盘式折叠纸盒

图 2-110　栓锁式盘式折叠纸盒

图 2-111　粘合式盘式折叠纸盒

图 2-112　手提式折叠纸盒

图 2-113　异型盒

设计链接：学生纸盒包装结构设计作业集锦

选自广东工业大学艺术设计学院视觉传达设计系本科生作业　指导老师：王娟

01 设计：冯颖仪

02 设计：冯颖仪

03 设计：李仕萍

04 设计：曾楚红

05 设计：黎结珊

06 设计：李芳

07 设计：袁聪

08 设计：萧婉容

09 设计：陈肖婵

10 设计：赖静慧

11 设计：陈肖婵

12 设计：杨兰

13 设计：杨兰

14 设计：邓美婷

15 设计：周朝文

16 设计：吴佩娟

17 设计：廖晓丽

18 设计：郭洵汐

19 设计：郭洵汐

20 设计：李小玲

21 设计：吴惠欣

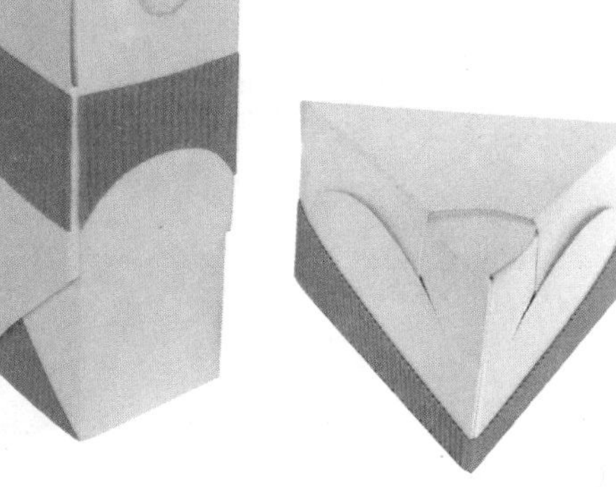

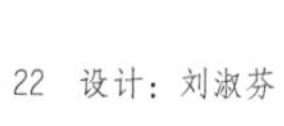

22 设计：刘淑芬

23 设计：邱欣宜

24 设计：汪帅

25 设计：张焕华

26 设计：朱观凤

27 设计：朱彩云

28 设计：吴佩娟

29 设计：陈明坤

30 设计：黄银

31 设计：仇锦仪

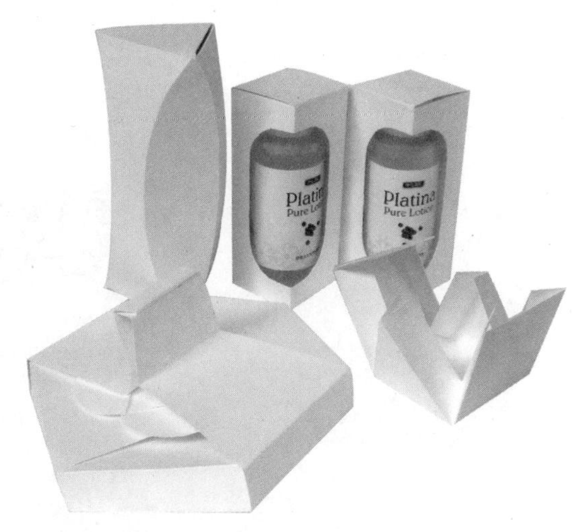

32 设计：梁惠莹

33 设计：陈曼丽

34 设计：冯晓琳

35 设计：郭晓君

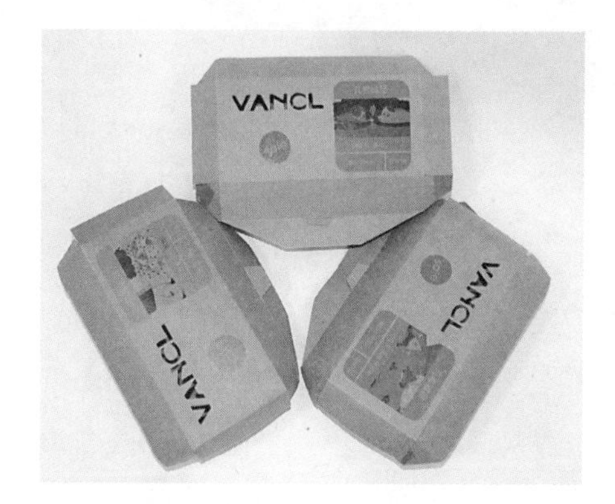

36 设计：邝琴

37 设计：梁容容

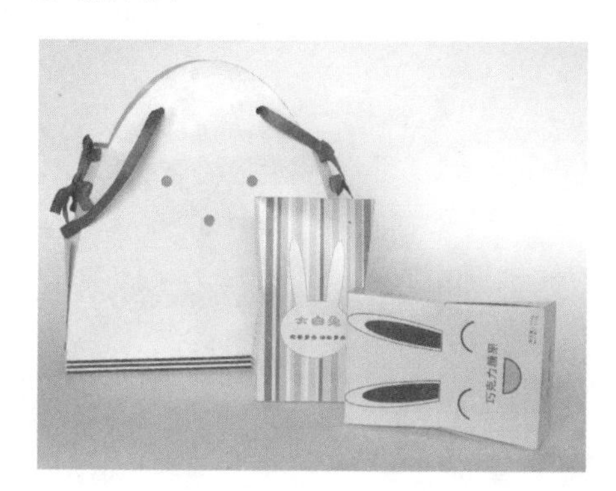

38 设计：李芳

39 设计：冼绮莉

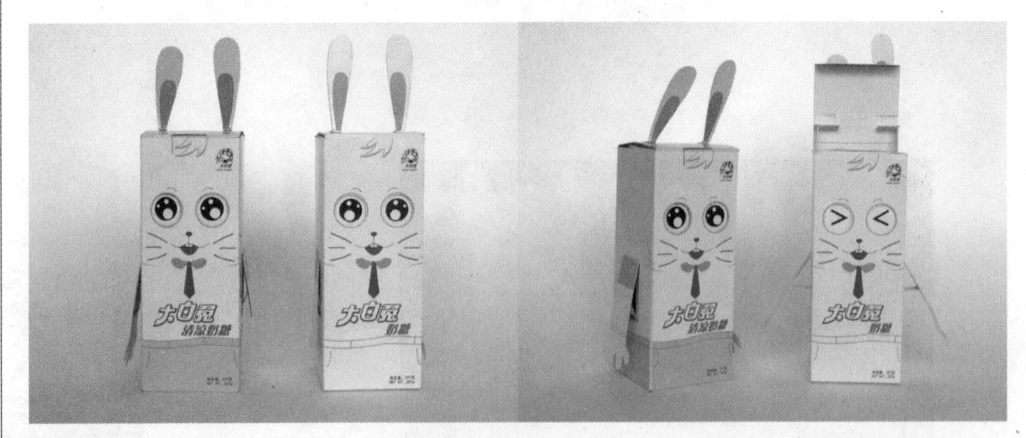

40 设计：梁嘉业、钟恒

课题练习二：包装容器造型设计

内容：根据选题方向，进行市场调研，从饮料、酒、化妆品或调味品、洗涤用品等产品中选择一种进行包装容器造型设计。

要求：

（1）注重创意思维的多角度开发，最终选择3件较理想方案绘制成电脑或手绘彩色效果图，并选择其中最好的一个方案制作出立体模型，品牌自拟。

（2）符合商品特性和包装的基本功能，有视觉亮点，具创新性、感染力。

（3）2个以上的系列设计。

课题练习三：纸盒结构设计

内容：针对市场产品完成纸盒结构设计，包括2款常规结构：管式折叠纸盒、盘式折叠纸盒各一款；2款创新结构。

要求：

（1）符合产品结构功能，考虑纸盒结构设计的科学性、合理性和创新性。

（2）从设计草图开始，确定方案，结构实施完成，最后制作出实物和绘制出结构图。

AGLAIRA
lotion lift moist
POLA
AGLAIRA
milk lift moist
POLA
AGLAIRA
cleansing moist
POLA
AGLAIRA
cream lift moist
POLA
Unit 3

第三章 平面与编排

包装设计的主体既承载着科技与艺术设计的信息，也代表着文化水平的传递，更是社会经济水平的推动力。包装设计平面视觉语言与立体空间语言共同构筑成包装设计的完整体。包装视觉平面设计的组成要素有：图形、文字、色彩和编排等，四者的作用是相辅相成的。不同的视觉主体有各自不同的观念，我们要把握好每个要素的规律性，设计出适中的包装（图 3-1）。

图 3-1 Borojo 饮料包装设计（设计：Brian Eickhoff, Nathalie Plagnol, Jody Finver）

一、包装的图形设计

图形在包装视觉传达上有着丰富的表现力，它直接或间接地将商品推荐给消费者，引起消费者的反应，把他们的视线进一步集中到品牌和内容上。设计师想要抓住消费者的视觉因素，不仅要在图形的创意上完成创新的概念，也需要在个性和表现力方面传递产品的特质和个性，让图形所展现的魅力成为包装的亮点。

（一）图形的分类

1. 标志形象

标志形象包括品牌标志、企业标志、产品商标、产品的质量认证标志和各种行业标准认证的其他标志或符号，如绿色食品、有机食品、回收再利用、防潮、防震、开启等标识（图 3-2 ~ 图 3-4）。

图 3-2 日用品包装设计（设计：Ryan Wienandt, Joe Maas）

2. 产品形象

产品形象包括产品的实物形象和原料成分形象。通过摄影、插画或其他绘画手法，较精确表现产品的材料和品质，使消费者更准确地了解产品（图 3-5）。

3. 产地形象

有些产品具有一定的地域特色，产地已经成为了这类产品质量的最佳保证和形象。许多旅游胜地的纪念品包装就是使用产地特征图形，在包装中，表现出产地的特点，使得消费者肯定地域文化的同时，完成整个消费过程（图 3-6）。或者有的产品的产地符合现今的消费理念，而在包装上采用此类图形（图 3-7。）

图 3-3 化妆品包装设计

图 3-4 回收及绿点标志

图 3-5 食品包装设计

精美的图形，诱人的色彩，勾起人们的食欲

图 3-6 食品包装设计

插图描绘出郁郁葱葱的产地形象

图 3-7 “森林牛乳”的包装设计（设 计：Shigeki Kunimatsu, Makiko Sato）

生产“森林牛乳”的奶牛们是常年放养在森林中的，研究表明心情愉悦的牛产出的奶会营养更丰富、口感更好。大森林里天然纯净无污染的生活环境，是饲养乳牛的最佳条件。简洁的图形勾勒出这样的产地形象，完全符合现今消费者的绿色消费

4. 象征性形象

象征性形象展示的是与产品相呼应的一种寓意形象，对于那些很难直接表达其形象的产品包装，一般通过比喻、象征的手法，含蓄与间接地用特殊化的图形完成对产品的表现，通过触及消费者某种心理感受来赢得消费行为，对整个商品的消费起到重要作用（图 3-8、图 3-9）。

图 3-8 麒麟矿泉水包装设计

采用了人体模型的图形及试验瓶的外形，象征该饮料可在日常生活中为人们科学地补充水分，且瓶的外形方便手的拿握

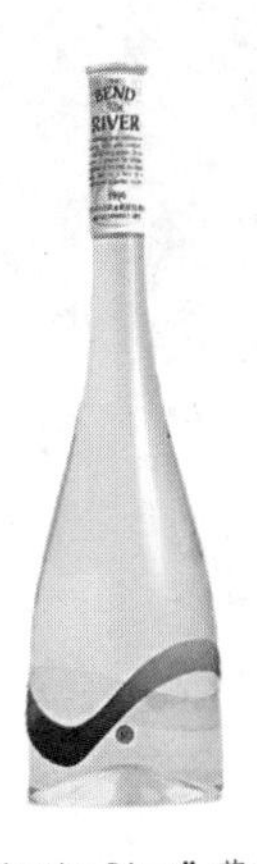

图 3-9 “The Band in the River”葡萄酒包装

“The Bend in the River”河湾香系列 1997 年上市，在国际品牌包装竞赛上获得无数设计奖，以其独特、引人注目的瓶身造型在同类产品中脱颖而出，获得消费者的青睐。流动的曲线比喻河流，象征产品的清澈、爽口和无污染。流线及简约的包装设计表达了此品牌所定位的上流生活品位

5. 辅助形象

商品包装在充分表达商品形象的基础上，还可附加一些抽象图形或装饰纹样来增强整个包装的形式美感，显示与众不同的个性。

（二）图形的表现形式

1. 具象图形

具象图形可以直观准确地传达商品的视觉形象，既可以针对产品的外形、材质、色彩和品质进行真实可信的传达，也可以通过特写的手法对商品的特质进行深入的表现，深化消费者印象，激发消费者购买欲望。包括摄影、插画、水彩、素描、油彩、版画、喷绘等形式（图 3–10 ~ 图 3–14）。

图 3–10　摄影图形
巧克力包装设计（设计：曾根原悦夫）

图 3–11　摄影结合插画图形
果汁饮料包装设计
（设计：DDB Estonia）

图 3–12　插画图形
宠物食品包装系列（设计：Bill Kumke，Mike Dillon，Nate Berra，Sandy Zub）
设计师用插画的形式，表达了动物们在一种自然、无污染的环境中长大，给产品提供了优质保障

图 3–13　水彩图形：特级初榨橄榄油包装设计

图 3–14　版画图形：食品包装设计

2. 抽象图形

运用点、线、面甚至符号的构成规律创造的抽象图形，常使人产生一种简单或理性的、紧密的次序感，从而产生一种强烈的视觉冲击力（图 3–15 ~ 图 3–18）。在运用抽象图形时，我们应该注意到画面的整体感觉，可以在画面中运用图形的重复、近似、渐变、密集、发散、类比、同形异构等方式，表现出不同的风格。

3. 装饰图形

装饰图形是对自然形态或对象进行描绘，通过主观加工概括得来的一种图形。通常运用连续、异影、共生、换置等手法，通过打散或重新组合形成创意，具有强烈的韵律美感

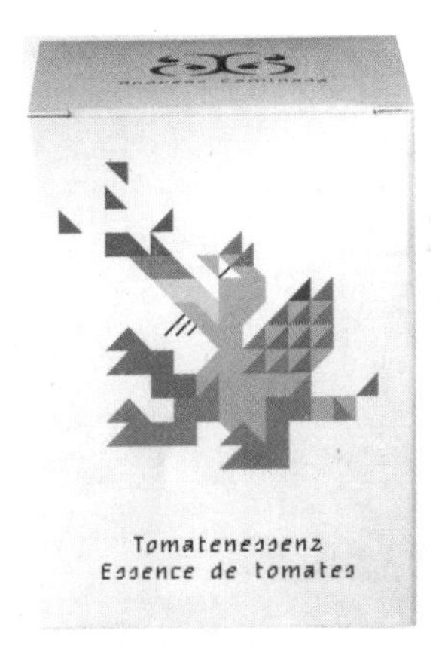

图 3-15　食品包装设计（设计：Remo Caminada）

图 3-16　酒包装设计（设计：Design Bridge Ltd）

图 3-17　机器润滑油包装设计

线条的发散构成抽象的平面图形，体现简单、理性的秩序感

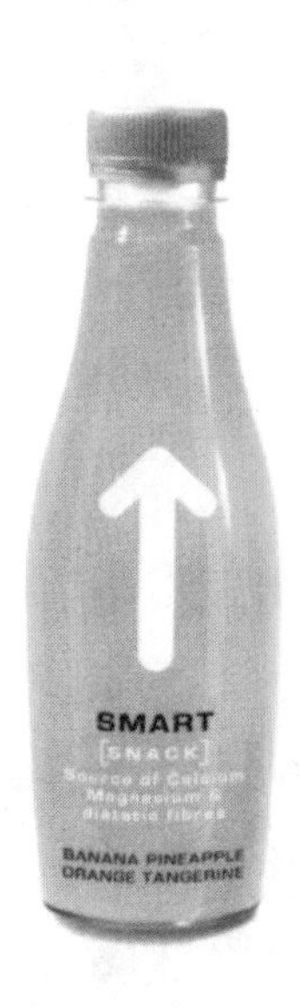

图 3-18　“诗玛特”饮品包装设计（设计：边际创意设计公司）

以常用的符号构成抽象图形，简要说明每个产品给消费者带来的功效，以简约而独特的方式，与消费者进行直接而清晰的对话，以证明自己，吸引消费者

图 3-19　食品包装设计（设计：Rapeepарn Kitnichee）

图 3-20　卡拉达格酒包装设计（设计：Nadie Parshina）

（图 3-19 ~ 图 3-22）。

不同国家和民族都有属于自己的传统装饰纹样，体现着强烈的民族气息。在包装中巧妙而恰当地运用民族装饰图形，可以提升商品的装饰美感和民族文化内涵。

4. 卡通造型

卡通造型是为了强化某个企业的性格，或诉求某个产品的特质，选择适宜的人物、动

图 3-21 Truff 巧克力包装设计

图 3-22 食品包装设计

物、植物等题材，运用拟人化的手法，设计形象夸张、寓于幽默感和形式感的造型，以这一造型作为企业或产品形象的代表，以拉近与消费者之间的距离，赢得消费者好感。卡通造型的设计要结合企业和商品的特点，简洁、易认、易记，具有强烈个性和时代感（图 3-23 ~图 3-25）。

图 3-23 孔吉多巧克力包装设计（设计：Anna Anderson）

该设计兼具民族性与现代感，设计师以插画的形式勾勒出一个非洲人造型的巧克力卡通人物，卡通造型曲线圆润、身型平衡，传递给我们一种积极和赞许，展现出无比性感的吸引力，成为了诱惑大人与小孩的王牌品牌

图 3-24 牛奶包装设计（设计：Caracas Team）

图 3-25 动物饼干包装设计

动物饼干是 Salerno 生产的儿童品牌商品，该包装画面以农场的风光为背景，主体图形用彩色笔绘制，三幅插图在文字和构图上的变化，呈现出一幅热闹的欢乐场面。卡通动物造型和盒子里面的饼干造型一致，更迎合了儿童的心理，使儿童乐于接受这款产品

5. 具象图形与卡通图形相结合

将体现产品形象的具象图形与卡通图形相结合，使图形活泼、幽默，增强了感染力，使消费者过目难忘（图 3-26、图 3-27）。

图 3-26 食品包装设计（设计：Bogdan Dumitrache，Cristian Petre）

图 3-27 宠物食品包装设计（设计：芝田伸惠）
产品实物照片和卡通图形相结合，使图形更具感染力，给产品带来一种幽默感和活力

（三）图形的设计原则

1. 言简而意明

在设计前应当通过调查研究，确定图形需要表现的主题，主要表现品牌形象还是商品特征形象或者产品形象，必须紧紧围绕商品的诉求目的，不可能面面俱到或者盲目表现。在确定主题后再决定其表现形式，做到主题明确、言简而意明（图 3-28）。

图 3-28 饮料包装设计
自然新鲜、美味健康是本包装的最大卖点，摄影图形的传达言简而意明

2. 准确而诚信

不论何时，消费者对于商品的追求都是建立在对产品信任的基础之上。设计师想让自己的产品完成消费，就必须在设计过程中，注重信息的准确表达，做到诚实可信。通过图形准确、直接地再现商品的思想、文化、历史、空间和质量，让消费者可以通过对商品图形的认识和联想完成对商品的消费过程（图 3-29）。

图 3-29 咖喱包装设计（设计：宫本泰志）

3. 鲜明而独特

要想使包装的视觉图形吸引消费者，就必须赋予包装强烈的个性，注重图形鲜明而独特的视觉感受。通过包装中图形色彩、大小、面积、形象差异等可形成对比，凸显主体图形，形成视觉重点，从而达到引导消费的目的（图 3-30）。使用非常态、超现实的图形表达方式，大胆夸张，展现特殊图形样式，也能起到吸引消费者注意的作用（图 3-31）。

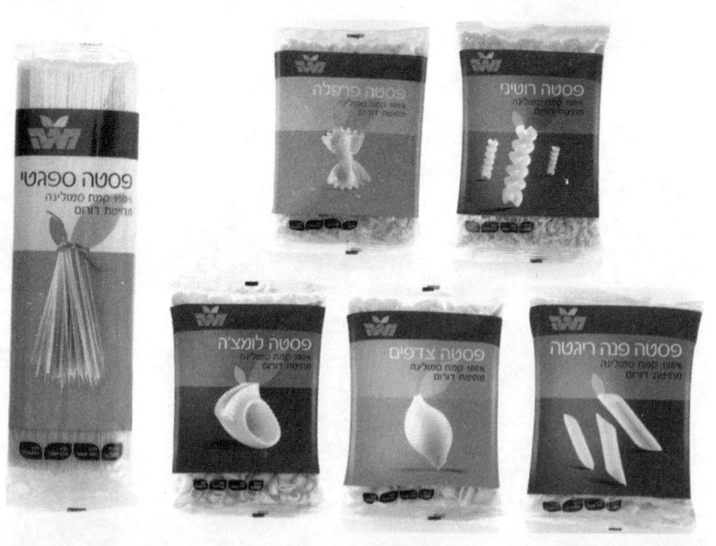

图 3-30　食品系列包装设计（设计：Baruch Creative Team）

把原本静止的产品当作一个独立的点、线、面在画面中有机排列，并与插图、阴影结合，赋予产品动感和活力，独特而鲜明

图 3-31　茶包装设计（设计：Jerry LoFaro）

超现实的插图和场景，塑造出童话般的意境，以突出产品的特色

二、包装的文字设计

文字作为重要的信息交流工具，是包装设计的重要组成部分，它不但承担着准确地向消费者传达商品信息的功能，还扮演着美化包装设计的作用。

包装上的文字主要有以下几种类型：

（1）基本文字。包括品牌、品名和企业名称。

（2）资料文字。包括产品成分、容量、含量、口味、型号、规格等。

（3）说明文字。说明产品用途、使用方法、保存方面的注意事项。

（4）广告文字。指宣传产品特点的推销性文字。

（一）字体种类

包装字体类型主要可分为中文字体、西文字体两种。

1. 中文字体

中文字体又可分为书法字体、印刷字体、设计字体三种。

（1）书法字体。在具有中国传统风格的土特产品包装上运用得较多，具有强烈的视觉表现力。设计时应以表现商品特性为前提，并且须通过后期加工、完善后使用。

（2）印刷字体。汉字的基本印刷体有宋体、仿宋体、黑体、楷体等，字形清晰易辨，具有规范化、标准化的特征。

宋体字：横细竖粗，规矩，稳重，给人挺秀、稳重之感，阅读效果最强，应用最广。

仿宋体：结构匀称潇洒，轻巧清秀，常用于包装的说明文字。

黑体：笔画粗重一致，醒目、强烈，粗黑体多用在标题上，细线体多用在说明文上。

楷体：结构平直规矩，严谨。

（3）设计字体。形式多样，可以在基本印刷体的基础上进行变化，其形式主要有外形变化、笔画变化、结构变化、连笔处理等（图 3-32）。

图 3-32 沱牌清酒包装设计

清雅的文字、素净的编排，结合麻、环保纸等包装材料，环保生态

2. 西文字体

西文字体主要是拉丁字体，主要有古罗马体、新罗马体、哥特体、意大利体、草书体、无饰线体、有饰线体等。

（1）古罗马体，又称复兴体。字体形态与柱头相似，秀丽高雅，横稍细竖略粗与汉字的字体结构面貌相似，应用广泛。

（2）新罗马体。产生于 18 世纪 60 年代的英国工业革命，其特征为笔画粗细对比强烈，将几何形运用于字体，严肃、理性，富有节奏感。

（3）哥特体，又称黑体。字脚形态犹如歌德式建筑的柱子，有一种宗教的神秘感。现代哥特体，简洁、视觉冲击力强，适合于艺术较强的内容。

（4）意大利体，又称斜体，出现在 14 ~ 15 世纪文艺复兴时期的意大利。具有方向性的运动感，字体优雅、流畅明快。

（5）草书体，也称手写体或花体。书写比较自由，具有优美曲线的斜体字，字体纤细，曲线优雅，装饰意味更趋浓厚。草书体性格强烈，犹如我国传统书法中的草书。在设计上的运用，往往较多地表现在简短文句上。

（6）无饰线体，出现并流行于 19 世纪的欧洲，笔画粗细一致，结构紧凑，字形特点类似于汉字的黑体，起笔落笔无装饰。字体特点简洁、庄严、大方、醒目，最具现代感，阅读性强，常被用在标题或重要位置，如产品的名称字体。

（7）有饰线体，是 19 世纪英国铸造家弗金所创造的字体，因其形态像古埃及的神殿石柱，也称为埃及体。字体结构黑白分明、醒目，起笔落笔有装饰，多用于标题的设计上。

西文字体的应用如图 3-33 ~ 图 3-37 所示。

图 3-33 冰淇淋包装设计（设计：Carrie Dufour）

图 3-34 食品包装设计

图 3-35 蔬菜种子包装设计（设计：Monique Pilley, Nigel Kuzimski）

图 3-36 橄榄油包装设计

图 3-37 口香糖包装设计（设计：Ingred Sidie, Michelle Sonderegger, Martha Rich, Meg Cundiff）

随手涂鸦的字体设计，体现了休闲、轻松的品牌特色

（二）字体设计原则

1. 易读性与准确性

包装中的文字是正确传递产品信息的载体，文字表现必须准确和易读：一方面，要依据商品属性进行字体设计，做到将所有内容正确表现；另一方面，要注意文字排列的条理性，易于阅读（图 3-38、图 3-39）。

2. 概括性与展示性

文字的概括性体现在对产品的说明，应简练、概括地表现出产品的主要特征或是产品

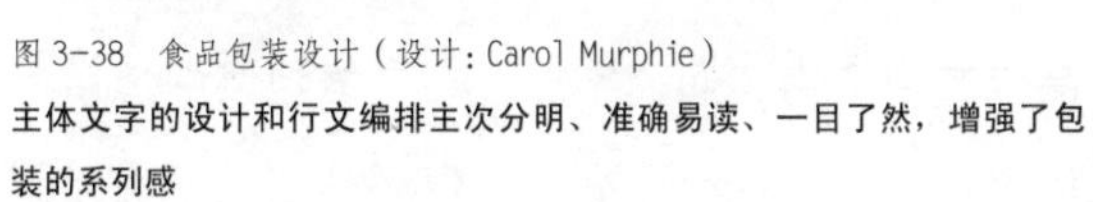
图 3-38 食品包装设计（设计：Carol Murphie）
主体文字的设计和行文编排主次分明、准确易读、一目了然，增强了包装的系列感

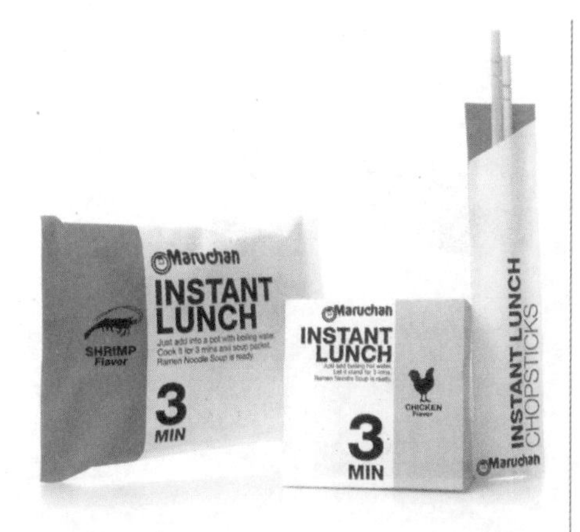

图 3-39 汤料包装设计（设计：Kota Kobayashi）

的长处，才可以提升整个包装的“透明度”，让消费者了解到真实产品，并取得其信任而放心购买。文字的展示性体现在应根据内容物的属性，文字本身的主次，从整体出发，把握字体变化重点（图 3-40、图 3-41）。

图 3-40 果汁包装设计（设计：Arthue van Hamersveld，Bart de Rooy）
竖排的数字醒目大方，起到概括和提示的作用

图 3-41 纯天然膳食补充品包装设计（设计：Epicure Garden）

3. 诉求性与独特性

设计师要考虑到文字的创作是否完整地表达了产品的供应信息和独特地表达了产品的特性（图 3-42 ～图 3-45）。

图 3-42 Ella 乳品包装设计（设计：马里戛纳·扎里克）
运用精致的有饰线体和统一的色调，放大其中一个数字，独特地表达了产品的特性

图 3-43 冰淇淋包装设计
圆润的字体设计表现了产品冰滑可口的特点

图 3-44 餐具包装设计（设计：Stephane Monnet）

品牌字体放大作为图形装饰，既独立于每一个小包装，小包装在货架上排列起来又能呈现完整的品牌标识

图 3-45 巧克力包装设计（设计：Inaba Kanako）

文字的打散构成，增强了包装展示面的装饰性，商标和产品形象在其中尤为突出

字体设计要传递产品的特点，如在食品包装中选用圆润的字形，在电器包装中选用粗犷的字形，可进一步传递产品独特性。使用书法字体表现产品品名，使产品包装呈现强烈的文化气息。粗字体比华丽弯曲的字体更能体现冷静客观的品质。手写体比印刷体更适宜温暖感的传递。

三、包装的色彩

据有关资料分析，人的视觉感官在观察物体时，最初的 20 秒内，色彩感觉占 80%，而其造型只占 20%；2 分钟后，色彩占 60%，造型占 40%；5 分钟后，各占一半，随后，色彩的印象在人的视觉记忆中继续保持。

销售包装设计相对于其他类别的设计而言，无论是形或是体都不具备量块上的优势，置于货架上视觉冲击力较弱，在超市购物时，人们停留在每件商品上的时间仅为零点几秒，而色彩永远是包装先声夺人的第一印象，增强商品吸引力很大程度要依赖色彩因素获得。在进行包装色彩设计时，应考虑消费对象的不同年龄、产品的功能特点和它的使用环境、冷暖的变化等诸多因素（图 3-46）。

图 3-46 巧克力包装设计（设计：Alissa Chandler，Heather Saunders，Melinda Winter，Fabrizio Parini）

根据不同口味设计了一系列包装，通过色彩来区分，增强了系列感

（一）色彩的属性

（1）色相：色彩的相貌，区别各种色彩特质的称谓。

（2）明度：色彩的深浅、明暗程度。

（3）纯度：色彩纯净、饱和的程度，它表示颜色中所含有色成分的比例。

（二）色彩的心理

色彩对于人的视觉有刺激作用，影响人的心理活动。不同色彩给人感觉不同，所带来的联想与表达的象征内涵也各不相同（图 3-47 ~ 图 3-51）。

图 3-47 “巴宝莉”情缘宝宝香水包装设计

英国品牌 Burberry 推出的专为妈妈与宝宝设计的香水。在瓶身底座设计上，贴心的不倒翁摇晃设计，让香水瓶充满着童真的乐趣。瓶身中央更有着可爱的小绵羊图案，纸盒包装使用更亲近宝宝的格子呢图案，颜色如丝绸般柔和，既柔嫩，又温馨。包装盒的开启更以钮扣式的设计方式呈现。不论是外盒的包装或是低过敏性的香味本身，都让消费者有一种耳目一新的清新体验

图 3-48 饮料包装设计（设计：Charles Biondo，Gary Labra ，Meg Russell，Marvin Bernfeld）

与产品原料相同的色彩清新自然，强烈刺激人们食欲

图 3-49 婚宴食品包装设计（设计：Le Papillon）

五彩缤纷的色彩给人欢喜、浪漫的感受

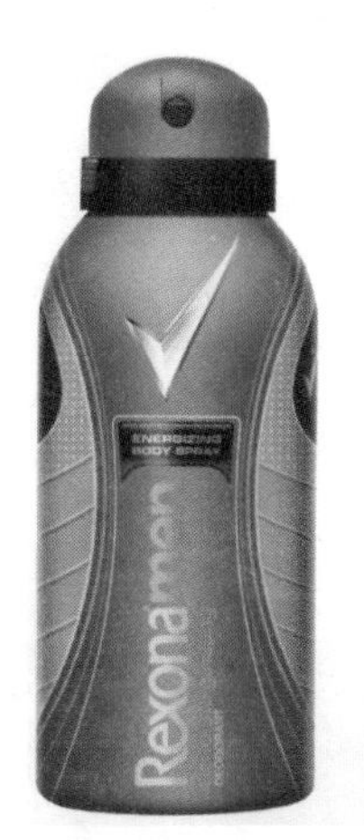

图 3-50 身体护理包装设计（设计：Adrian Pierini）

蓝色调的使用，给人一种成熟、稳重的感觉，符合产品的定位

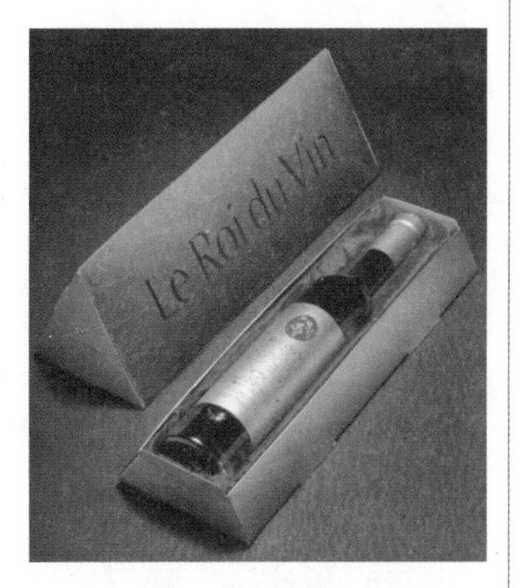

图 3-51 酒包装设计（设计：新井猛）

金色调给人一种优雅、高贵的感觉

1. 红色

给人热情、欢乐之感，象征爱情、活力、高贵、幸福、吉祥、革命等。

2. 黄色

给人温暖、轻快、积极、高贵之感。象征光明、进步、文明、积极。

3. 橙色

给人兴奋、成熟、温馨之感。象征活力、精神饱满。

4. 蓝色

给人安静、清新、舒适之感，象征冷静、清爽、冰凉、博大、理智、未来、高科技等。

5. 绿色

给人自然、沉静、轻松之感。象征生命、宁静、青春、和平、环保等。

6. 紫色

给人高雅、华贵之感。象征华丽、神秘、高贵、优雅、威严等。多用于高级化妆品、珠宝、馈赠礼品的包装。

7. 白色

明度最亮、最纯洁的色彩，象征洁白无瑕、无污染、高雅、纯净等。

8. 黑色

是明度最暗的色彩，代表黑夜、沉重、孤独，但同其他颜色配置一起使用能表现出高贵的气质，在包装上常用来表现文雅、有深度、有个性、有档次等。

9. 金、银色

都是带有金属光泽色彩。金色属于暖色系，给人富贵、高档的印象，银色属于冷色系，代表冷静、优雅、高贵。在印刷上是比较贵的色彩，多用在高级礼盒的包装上。

色彩的象征，往往具有群体性的看法，是一个民族的历史与文化长期积淀形成的心理结构，与宗教意识、信仰习惯相联系。由于历史、文化等原因，有些色彩往往引起公众的不良情绪和联想，形成色彩的禁忌心理。国家、民族、宗教不同，色彩禁忌心理也不相同，在包装设计中，要善于从文化心理角度选择适当的色彩，以激起消费者积极的心理反应。

（三）色彩的情感

1. 冷暖

暖色：色相环上的红、橙、黄为暖色系，让人联想到太阳、火焰、革命等，在包装设计中显现温暖、活泼、生动、兴奋的感觉。木材、纤维制品、柔软的布料、粗糙纸张上的暖色都能营造温暖的效果（图 3-52）。

图 3-52 食品包装设计（设计：Jeff Boulton）

黄、红等暖色调的使用，让人不知不觉胃口大开

冷色：色相环上的蓝、绿、紫为冷色系，让人联想到冰雪、海洋、蓝天、理性等，在包装设计中显现冷静、理智、清凉、距离感觉。坚硬的金属材质、光滑发亮的纸张上的冷色更能体现冷静的风格（图 3-53）。

图 3-53　玻璃器皿及包装设计（设计：Adamantis）

同时，暖色系感觉兴奋，冷色系沉静；明度高、纯度高的色感兴奋，明度低、纯度低的色感沉静。

2. 轻重

色彩的轻重主要由色彩的明度决定，一般明度高的浅色感觉较轻，白色最轻；明度低的深暗色彩感觉重，黑色最重。如果明度相同，以纯度为准，纯度高则轻，纯度低则重。

色彩的轻重感主要来源于人们对生活的经验：相同大小的物品，明度低的包装要比明度高的包装显得重（图 3-54、图 3-55）。

图 3-54　企业礼盒包装设计（设计：Sekimoto Akiko）
大面积的白色调，使整个产品的感觉很轻盈

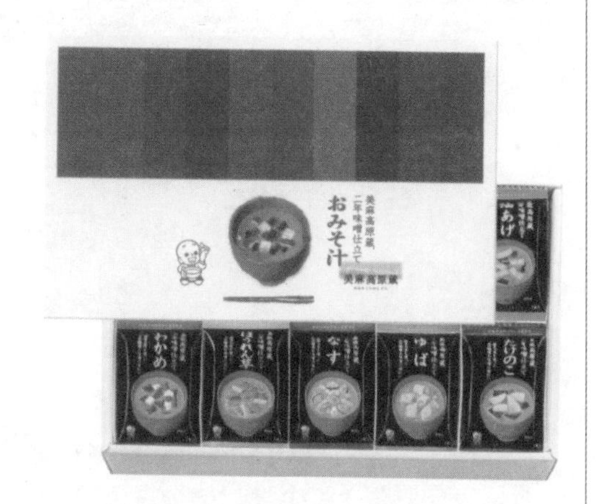

图 3-55　味增汤包装设计（设计：川路欣也）
纯度和明度都低的色彩，让人觉得产品的分量很足

3. 距离

色彩的距离主要取决于色彩的明度和色相，一般是暖色近、冷色远；亮色近、暗色远；纯色近，灰色远；彩色近，非彩色远；对比强烈的色近，对比微弱的色远。

色彩的距离感有助于安排包装中主题和背景的关系，是突出品牌标识等信息的有效手段（图 3-56）。

图 3-56　瑞典 Kosta Boda 玻璃器皿包装设计（设计：陈幼坚）
将品牌名称打散构成，通过色彩设计给人或远或近的空间感和光感，充分体现了玻璃器皿的特点，简约而现代

4. 软硬

色彩的软硬与明度、饱和度有关，明度高且含灰色的色彩感觉软，明度低且含灰色的色彩感觉硬；饱和度越高感觉越硬，反之则软；强对比色感硬，弱对比色感软。

女士用品包装通常以高明度的柔软、圆润的色彩呈现，使人感觉温和、自然；男士用品或五金电器通常采用高、中饱和度、强对比色来表现力量、坚硬的感觉（图 3-57、图 3-58）。

图 3-57 化妆品包装设计（设计：Nobuyuki Shirai，Kazuhiko Kimishita，Emi Yabusaki）

图 3-58 男士香水包装设计（设计：Valerie Bernard Design）

粉色的金属漆光字体，给整个黑色外包装带来画龙点睛的效果

（四）总色调

颜色在产生之初就是为了让人们对物体进行选择，我们在尝试处理包装设计的色彩要素时，首先要赋予整个设计一个总色调。总色调是设计师依据商品属性及色彩个性做的一个总结，它使得消费者直接通过总色调认识商品，甚至不经品尝或查看，凭借总色调识别商品，大致作出判断（图 3-59）。

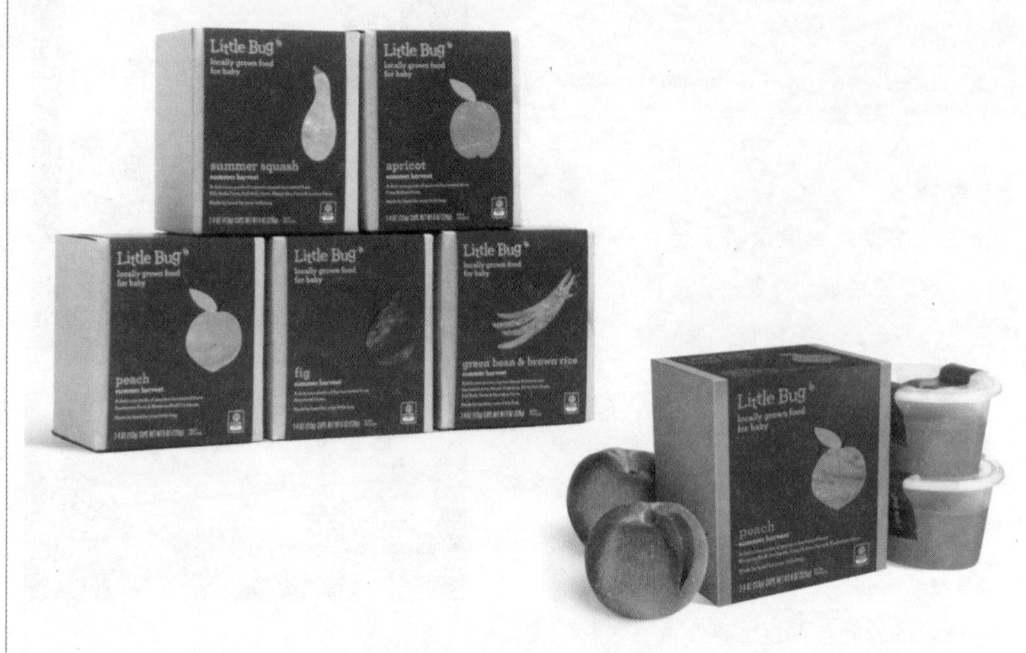

图 3-59 食品包装设计（设计：Bob Hullinger，Meegan peery，Bill Kerr，Geoff Nilsen）

大面积的绿色赋予整个包装一个总色调，给产品一种健康、天然的定位

（五）强调色

每种颜色由于其自身的色相、明度和纯度上的差异而与其他颜色相互区别，具有自身的色彩优势。它往往是通过品牌包装上特有的色彩而获得的。正因为如此，企业通过对强调色的把握，形成统一的视觉效果，达到树立品牌形象，实现促销的最终目的（图 3-60）。

（六）辅助色

辅助色是调节色彩关系的一个重要方面，用以加强色调层次，取得丰富的色彩效果。使整个包装色彩更加生动、灵活、充满动感。完善产品包装中色彩的不足，加强商品包装中色彩的说服力。一个优秀的包装设计是一个完整的色彩设计，也是一个完整的配色设计。在设计时要注意不能盲目滥用、喧宾夺主（图 3-61）。

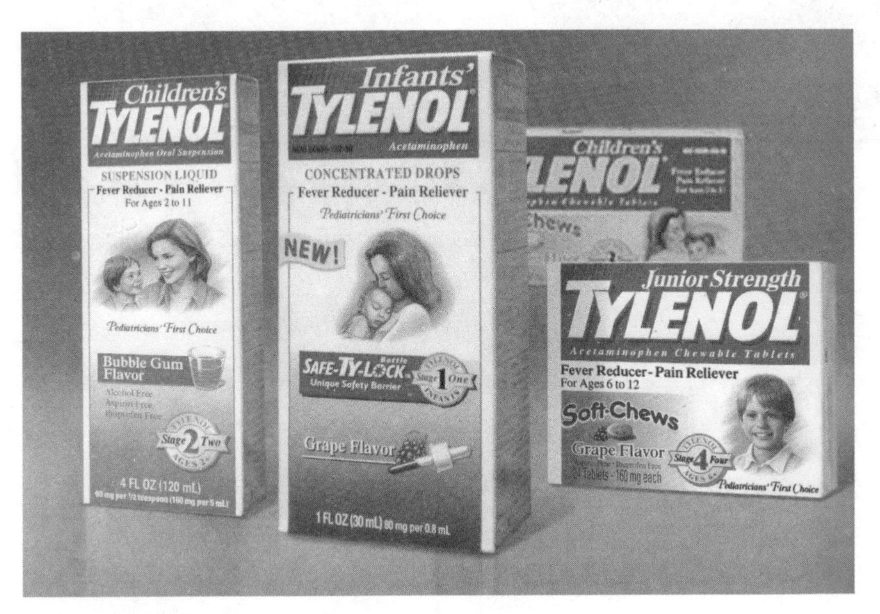

图 3-60　泰诺退烧止痛药包装设计

该系列产品传递给消费者很多信息：用“儿童使用”或“婴儿使用”的字眼与成人品牌进行区分；区分滴剂和甘香酒剂；区分口味等。在系列包装上统一使用白字红底的品牌名称，强调品牌和消费者，形成统一的视觉效果

图 3-61　威士忌包装设计（设计指导：古庄章子）

以金色为主，辅以蓝色，对比色的使用，使整个标识更突出，易于识别

（七）色彩设计的原则

色彩的设计将销售的企图明确显现于包装之上，它不仅使品名、内容物、用途和用法等特定化传达给人们，以诱导消费者产生购买欲望，还更进一步影响了人们对某种包装商品的感性判断力。

1. 联想原则

人们习惯将某种色彩和生活环境中的某个具体物体相联系，所以，包装的色彩被赋予了很多的蕴意。色彩既可以直接表现商品特点，也可以通过联想表现商品的其他特征，引起消费者的情感活动，对这系列的产品产生购买动机，促成购买行为（图 3-62、图 3-63）。

图 3-62　蜂蜜包装设计

与蜂蜜颜色接近的色彩设计，自然唤起人们的联想，温馨、甜蜜

图 3-63 龙舌兰酒包装设计（设计：SteveOramA，Elwyn Gladstone，Marissa Hayes）

深紫色让人联想到深海，同时使产品更加高贵、典雅

2. 统一原则

各个企业为了树立自己的品牌形象，提高企业的品牌识别度，纷纷改变市场营销的方式，通常是通过包装统一企业的标准色加强产品的识别度，使得消费者能明确的区分本品牌与其他品牌的差异，从而树立自身的品牌形象，提升产品的商业意识，扩大产品市场。

然而，色彩的过于统一会造成视觉上的单调与乏味。因此，设计师把在统一中寻求变化，加强对比，作为色彩统一性的一个突破口，让整个包装的色彩鲜活起来（图 3-64、图 3-65）。

图 3-64 酒包装设计（设计：Uniqa C.E.）

图 3-65 漱口水包装设计（设计：Studio One Eleven）

拟人化的卡通造型活泼可爱，使整个包装鲜活起来

3. 记忆原则

整个包装色彩的视觉识别因素和视觉冲击效果形成了消费者对色彩的记忆。这其中包括人们对色彩周围环境、色彩本身质感、安全感和重量感的对比过程。要多层次地利用色彩的对比因素，传递产品信息，达到流通、促销的目的（图 3-66）。

然而，色彩在包装中的运用也不再停留于传统的理解认识上，如食品业中，传统观念认为应多用易于产生食欲的暖色调进行设计，但如图 3-67 所示的食品包装设计在色彩上则运用了代表科技感的银色，而“汰渍”洗衣粉用了食品业中的橘色。这样的例子还有很多，它们一反常态的色彩理念给消费者留下深刻的第一印象，使产品品牌形象深入人心，为提高销售发挥了不可忽视的作用。

图 3-66 狗粮包装设计

颜色搭配层次丰富，给人一种安全且时尚的感觉，卡通图形的设计，提升了整个产品的档次

图 3-67 巧克力包装设计（设计：矢口洋）

4. 系列原则

系列化的包装设计中，可对同一系列不同品种包装，在一定的位置使用一定的形状和面积的颜色，分别表示产品不同品种的概念和功能。还可在同一系列相同品种包装，以一定面积的颜色进行区分和变换，获得丰富的视觉效果。色彩的系列化原则可有利于扩大市场，满足不同的需要（图 3-68、图 3-69）。

图 3-68　香水包装设计（设计：Fujiwara Kazuki）

不同色彩表现不同气味，形成系列包装设计，结合气味改变一下心情吧

图 3-69　Sliver Hills 面包包装设计（设计：Jennifer Pratt）

用不同的颜色和插图来表现同类品牌不同产品间的差异性，获得丰富的视觉效果

四、编排

包装设计的图文编排是通过形式美的法则，把产品商标、图形、文字、色彩、品牌标识等要素综合起来作总体的布局与安排。

产品包装上的图文编排是在不同形态的面和体上进行的，编排时要从消费者的阅读习惯和图文功能的重要性出发，把握规律、突出重点。一般情况下，产品标志、名称、形象或照片、广告语、重量、生产厂家等重要信息安排在包装的主要展示面上，包装标识、资料文字、功能性说明文字等编排在包装的侧面或背面上。

图文的编排与组合一是要结合被包装产品的品牌形象和营销策略，合理配置色彩，拓宽产品包装的表现力度与深度。二是要注意字与字、行与行、组与组的关系。包装编排设计的基本要求是根据内容物的属性，图文本身的主次，从整体出发，把握编排重点（图 3-70、图 3-71）。

图 3-70　葡萄酒包装设计

中规中矩的酒瓶造型结合竖向的图文编排，稳重、大方

图 3-71　食品包装设计

罐头表面以实物照片为主题来表现，新鲜而自然，图形的排列一反常规，直击包装主题，具有强烈的吸引力

（一）商品包装中编排类别

一个优秀的包装设计，首先要考虑的是正确安排包装上的信息，其次是整个包装信息的版式意义。就编排形式的变化而言，是可以多变的，并无一定模式。但就形式而言，一般分为：横排形式、竖排形式、圆排形式、适形形式、阶梯形式、参差形式、集中形式、对应形式、重复形式、轴心形式等。各种形式除单独运用外，也可以相互结合运用，并可在实际的编排中演变出更多的编排形式来。

（二）商品包装中编排设计原则

编排设计的目的是为了更好地传递出信息，使整个包装的诉求内容完整的表达出来，要注重编排版式的空间感、层次感、逻辑性以及对比关系。条理清楚的编排可以加强对商品包装的注意力和理解力，完整的传递给消费者商品信息。

1. 空间原则

在包装的编排过程中，要考虑到每个因素之间的联系、整体与部分的联系、图形与文字的联系、文字与文字的联系、文字与空间的联系、色块间的联系等，按照一定的形式法则，给每个部分一个存在的空间，相互结合形成整个包装设计的空间感（图 3–72、图 3–73）。

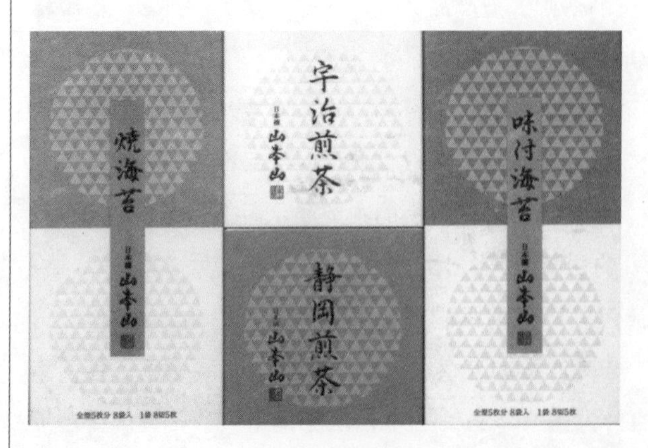

图 3–72 食品包装设计（设计：松泽由纪子）
包装内容物有烤紫菜和绿茶两种食品，图文的编排以及色彩的设计考虑到了整体与部分的关系

图 3–73 酒包装设计（设计：长野友纪、原拓哉）
瓶口的产品实物照片新鲜欲滴，与瓶贴中的产品图形相呼应，图文的编排层次分明

2. 层次原则

包装的编排应具有层次性，清晰地传达商品的特质。在进行编排时，应避免出现多个视觉重点。为了强调包装的特点和个性，可以在包装画面的空间感、编排以及视觉中心位置（即最佳视域）体现主次关系，表达视觉要素的层次性（图 3–74、图 3–75）。

例如包装的主题文字和主体图形一般被安排在视觉中心位置，其大小、字体、色彩恰当才能凸显主题、体现主次关系。主要文字与次要文字之间的关系，主展示面和侧展示面的关系，也应从字体、大小、色彩、位置多方面考虑，使其主次分明。

3. 对比原则

对比是一种智慧、想象的表现，是强调版面各种因素中的差异性方面，造成视觉

图 3-74 酒包装设计（设计：Cafe Design）

瓶贴中的字体设计错落有致，与瓶口的设计形成对比，主题突出

图 3-75 食品包装设计（设计：Marijana Zaric）

规整排列的文字与随意散落的产品实物图形形成强烈的视觉冲击效果，三种不同底色诠释了三种不同的口味

上的跳跃，给人深刻的印象和感官刺激，这种形式上的反差是塑造形式美的重要方式（图 3-76、图 3-77）。统一则强调版面位置和形式中种种因素的一致性方面，统一的手法可借助均衡、调和、秩序等形式法则。对比与统一是形式美法则中最为重要的内容之一。

图 3-76 克利尔普斯林橄榄油设计（设计：巴里·吉里布兰德，设计机构：五月天设计工作室）

简洁的图形符号有效传达了产品的特性，大面积的空白与瓶贴下方的说明文字形成对比，给人无尽的想象，无声胜有声，使产品特征一目了然

图 3-77 酒包装设计（设计：Britton Design）

有意撕裂破损的瓶贴设计别出心裁，文字和图形也绕其编排

例如包装上适当的留白，加强虚与实的对比，能给人更多的遐想空间。文字与空间、图形与空间形成了一种相互对比、相互衬托的关系。

课题练习四：平面视觉语言训练

内容：根据选题方向，分别以图形、文字、色彩为主体来进行三则包装平面视觉设计。

要求：

（1）以图形、文字或色彩为主体来表现自己对商品的认知和理解，并能在设计中体现自我的个性和观念，快题训练，风格不限。

（2）注重图形表现力、文字造型、色彩心理以及编排技巧，以电脑效果图表现。

第四章 理念与表现

有了先行的思想、理念，才有改变现状的一切可能。包装设计应树立现代设计理念，具有高瞻性与超前意识，而不是一味追随市场。改变观念、确立新的包装设计理念，是设计表现和设计创新的先决条件。

一、包装设计理念

（一）品牌包装设计

随着物质生活的进步，人们开始追求精神生活的满足，消费者购买产品的诱因已经由原来的产品质量，产品特性转化为更高层次，复杂多变的品牌体验上，其中包括：品牌认知、品牌理念、品牌文化、品牌创意等，品牌创意是生产商与消费者沟通互动的桥梁，创意的优劣能直接引起消费者和目标群体的共鸣或反感，好的创意能为品牌直接加分，品牌创意潜移默化地影响着人们的消费观念和生活方式。

1. 品牌的内涵

何谓“品牌”,《营销术语词典》给他的定义是：品牌是指用以识别一个（或一群）卖主的商品或劳务的名称、术语、记号、象征或设计，及其组合，并用以区分一个（或一群）卖主和竞争者。

2. 品牌意义与价值

品牌不仅仅是一个区分的名称；更是一种综合的象征。品牌不仅仅掌握在品牌主手中，更取决于消费者的认同和接受。品牌不仅仅是符号，更要赋予形象、个性和生命。品牌不仅仅是短期营销工具，更是长远的竞争优势和最有潜在价值的无形资产（图 4-1、图 4-2）。

图 4-1 汰渍品牌包装设计

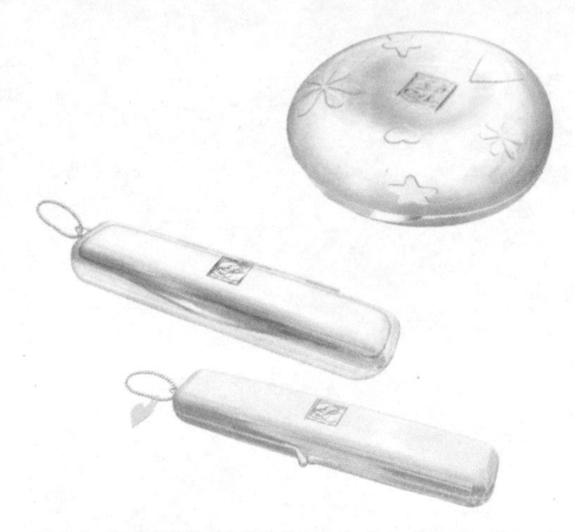

图 4-2 雅诗兰黛系列包装设计（设计：Sayuri Studio-Sanyuri Shoji，Yumico Ietsugu，Nobuto Wakada）

以聚乙烯和阳极氧化金属等新型材料制作出甜蜜奢华的感受，符合其高档化妆品品牌内涵

3. 包装设计与品牌塑造的相互关系

商品的包装是与消费者直接面对的第一线，包装成了产品形象的化身，同时又是品牌形象的具体化。由于现代市场竞争由商品内在质量、价格、成本转向更高层次的形象竞争，包装设计的优劣直接反映了品牌的形象。因此，创立品牌的战略离不开商品的包装设计。

（1）包装设计传达品牌视觉识别，树立品牌统一形象。视觉识别是一种品牌区别于另一种品牌的标记，是树立品牌形象的直接有效的手段，使产品上升为品牌帮助消费者作出区别。视觉识别是通过视觉设计传达的，它主要体现在包装装潢的平面设计中。

例如可以在包装上通过突出表现品牌标志形象，使消费者形成良好的品牌记忆，留下深刻的品牌印象。突出品牌标志的前提，是该产品推广重点在于品牌形象而非产品形象。品牌标志在整个包装版面要具有最强的“号召力”，标志位置的设计要求鲜明、夸张，突出个性，为的是让消费者能够深刻地记住标志形象以及所表达的诉求内容，达到过目不忘的效果（图 4-3）。

图 4-3 Onehha 植物油包装设计

（2）包装设计强化品牌个性，深化品牌形象。包装设计要强调体现出品牌的个性，才能在琳琅满目的商品中显示自己的独特。别出心裁的包装造型和结构，图形、字体、色彩、印刷等各种视觉传达手段的运用都可以强化品牌的个性。新的绿色包装材料、成熟技术的应用，可以通过塑造崭新的包装形象改变企业原有的形象，深化品牌形象（图 4-4、图 4-5）。

图 4-4 阿迪达斯足球包装设计

瓦楞纸以及手提式结构的设计，强化了著名体育品牌注重环保的理念

图 4-5 奥妙品牌包装设计（设计：Gustavo Piqueira，Ingrid Lafalce，Danilo Helvadjian，Lilian Meireles）

例如可口可乐的曲线瓶包装造型非常经典，以至于成为人们心目中印象最深刻的品牌记忆，与花体字、波浪曲线一起，给人强有力的视觉冲击，成为企业强化品牌个性，深化品牌形象的重要符号（图 4-6）。

（3）通过包装设计开发新产品，树立新品牌（图 4-7 ~ 图 4-9）。包装设计除了动用设计元素塑造品牌形象之外，还是开发新产品树立新品牌的重要手段。例如没有固定形态的酒、饮料之类，设计新的包装形态配合新口味就是新产品；一些咸杂土特产、农副产品，创造新的包装形态，能提高商品品位，也可使之成为流行食品。

图 4-6 可口可乐包装设计

图 4-7 丹波米·播州米·三田米包装设计（设计：井乃屋）
为日本兵库县农民设计的大米纸袋包装，选择用传统民间工艺用纸袋和麻绳系带，寓意产品的天然品质，朴素、简洁

图 4-8 “同盛祥”系列包装设计（设计：红方设计）
仿旧上海月份牌上的仕女画技法，塑造出欣欣向荣的繁华景象，体现了“古艺真传，今世口福”的品牌口号

图 4-9 “顶客族”包装设计
中国台湾花莲凤荣地区农会自创品牌“顶客族”包装设计，通过包装设计树立了新品牌，使边远地区的农产品走向市场

品牌包装设计以品牌塑料为基本出发点，要深入全面了解消费者、市场、渠道，通过对消费习惯、价值取向、文化背景、沟通方式等的调查分析，从产品本身、顾客服务、质量体系、形象传达等方面的系统分析，为产品品牌传播建立标准体系，通过包装设计产生消费者同品牌之间的互动关系，树立品牌在消费者心目中的良好形象，进而通过品牌营销创造更多的消费需求。

（二）可持续包装设计

1. 可持续包装设计的内涵

可持续设计的概念是从生态学的可持续发展上演变而来的。可持续包装设计是指对生态环境和人体健康无害，能循环复用和再生利用，可促进持续发展的包装设计。一般具有六方面内涵，即：①包装材料安全、寿命长；②包装减量化；③包装材料单一化；④包装设计可拆卸化；⑤包装材料可回收再利用和再循环；⑥包装材料无害化。总之，可持续包装设计的目标，就是要以保存最大限度的自然资源，形成最小数量的废弃物和最低限度的环境污染（图 4-10、图 4-11）。

图 4-10 CD 包装设计（设计：Marc Newson）
运用一种新型的复合材料来包装 CD，给人一种全新的视觉感受

图 4-11 纸包装设计（设计：Yokoyama Ryo）
在包装上明确表示出生态信息

2. 可持续包装设计的意义

（1）可持续包装设计是有效解决包装与环境问题的途径。包装的生命周期经历从生产、运输、储藏，到销售、使用，再到回收、再生，直到最终废弃的漫长过程，每一个阶段都影响着环境。而包装属一次性消费品，销售和使用过程只是包装生命周期的一小部分，因此包装设计不应只考虑到美化装潢和促销产品，还要充分考虑包装对环境造成的影响。目前，我国包装废弃物的数量在 1600 万吨左右，每年还在以超过 10.5% 的速度增

长，而我国包装行业产业化水平仍然较低，包装产品的使用和回收处理系统不完善，造成大量资源浪费及包装废弃物损害我们的生存环境。

据统计，一个产品（包括包装产品）在使用过程中有80%的环境成本取决于设计，要解决包装的环境问题，就要借助设计的力量（图4-12、图4-13）。随着一些环保新材料、新技术相继出现，发展无污染、无公害的可持续包装，推广可持续包装设计，能有效解决包装与环境问题。

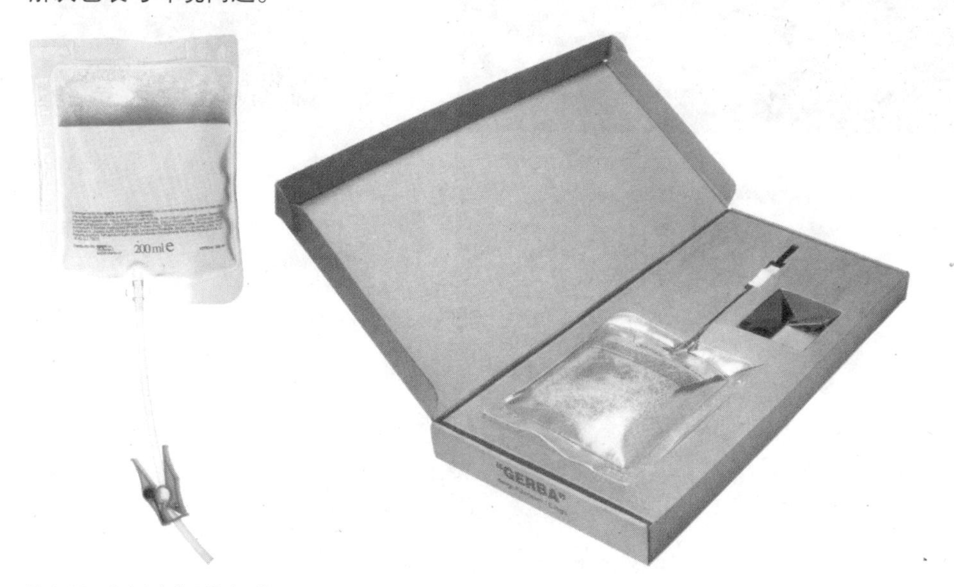

图4-12 洗手液包装设计（设计：F.Bortolani and E.Righi）
颠覆常规思维，借用输液袋的形式设计的洗手液包装，可悬挂、不占用空间，外包装也是环保材料

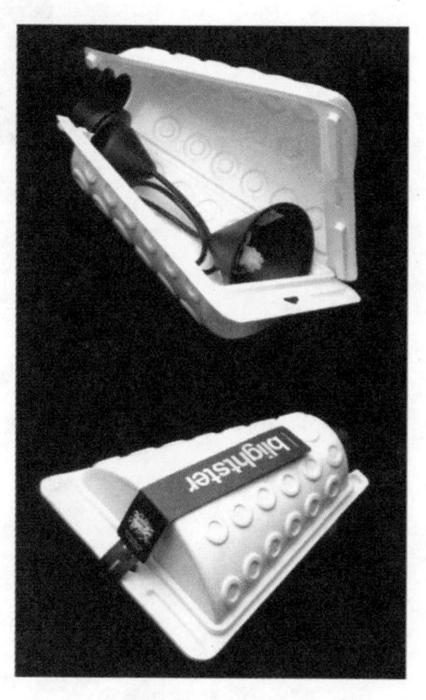

图4-13 以回收纸浆为材料的包装设计（设计：Rodrigo Alonso）

（2）可持续包装设计是我国包装业适应世界经济全球化的必然选择。西方国家早已经逐渐意识到包装所带来的环境问题的重要性，并采取了积极的行动。一些国家相继颁布了关于包装和包装废弃物的有关法规，例如，欧盟立法要求包装物回收率达85%以上。国家贸易协定书越来越多地出现了环保条款，可持续包装也成为西方发达国家阻碍发展中国家商品进入国际市场的挡箭牌，形成"绿色贸易壁垒"，如果没有绿色标志产品，一些发达国家就拒绝进口，在价格和关税方面也可能不给予优惠。近年来，我国部分出口产品及其包装，因不符合发达国家的环境法规及相应环境的要求而蒙受巨大经济损失。因此，发展可持续包装设计同时也是我国包装业适应全球化经济的必然选择。

3. 发展可持续包装的途径

（1）重视绿色环保、生态性能的包装新材料的开发与替代。绿色包装材料的研制开发是可持续包装最终得以实现的关键（图4-14～图4-18）。例如美国农业部的杰弗里·诺

图4-14 Sprout包装设计（设计：Catherine Bourdon）
朴素的原生态色调，突出了产品利用再生资源的设计特点

图4-15 原生态纸质材料包装设计

图 4-16 “Newton Running”运动鞋包装设计

依据运动鞋特有形态，通过现代高科技纸浆一次成型技术，巧妙完成了与商品相呼应的包装结构设计，既节省了空间，也降低了成本。同时纸材的选用，也使包装整体重量大大减轻

图 4-17 “Grass”块状草坪包装设计（设计：Assaf Yoge）

环保纸材，简练、实用的设计，缺口处露出产品，既保护了产品，也使消费者一目了然

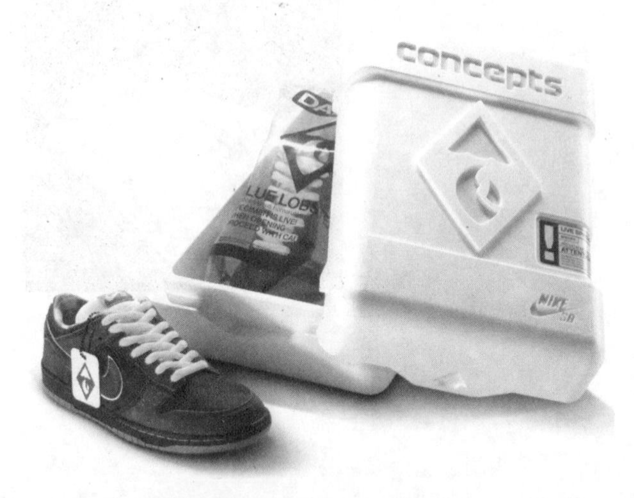

图 4-18 耐克鞋包装设计（设计：Bill Concannon）

贝斯和他的同事们用小麦秸秆纤维和麦粒上的淀粉制成快餐包装新材料，这种包装盒可以完全降解，使用后可做堆肥，在土壤中分解为二氧化碳和水，不产生污染环境的物质。另外，以小麦淀粉为材料制作的包装盒比常用的纸板质包装盒保温的时间要长一些。而即算是可降解的一次性饭盒，在日本也有很多超市设有回收筒，鼓励人们用后回收再利用。

（2）重视包装废弃物的回收与再利用，节约能源与资源。据了解，在一些发达国家，包装废弃物已占生活垃圾体积的 60% 左右，我国包装废弃物所占比重也在逐年上升，如何消除包装废弃物给人类带来的危害，是包装业面临的一个新问题。据有关资料分析，回收易拉罐等铝材可节省生产铝所需能量的 95%，回收钢铁和玻璃，可节约生产该材料所需能量的 50%。欧美日等发达国家均颁布法令，以“谁污染、谁治理”的原则，要求进口商、产品制造商与零售商必须负起包装回收再利用与再制造的责任；瑞士政府规定，买罐头和饮料都要按每个容器 0.5 法郎的标准收取押金，而日本农业水产部规定，包装容器生产企业必须达到 15% 的废品回收率。在日本，每个家庭扔垃圾的时候早已非常自觉地把垃圾分类放置，甚至把瓶瓶罐罐都冲洗干净再丢弃，环保意识深入人心。

由于各国政府的高度重视，发达国家包装废弃物的回收利用取得了可喜成绩，瑞士的纸、铁、玻璃容器包装的重复使用率达到 86% 以上，德国瓦楞纸回收率高达 95%。我国包装业对废弃物的管理、处置和回收利用等方面与发达国家相比尚存较大差距，亟须改进。

（3）重视包装中的“可持续设计”理念。“可持续设计”强调生产与消费需要一种对环境影响最小的设计，从产品制造业延伸到与产品密切相关的产品包装、宣传及营销各环节。如包装的结构合理性、材料环保性、回收便利性、市场效应、消费者的接受程度等。

作为包装设计工作者应具有社会责任感，将“可持续设计”理念贯穿于包装设计全过程，从材料选择、结构功能、制作过程、包装储运方式、产品使用和废品回收利用等方面全方位考虑资源的利用和对环境的影响及解决办法等等，尽可能降低能耗、便于拆卸、使材料和部件都能得到再循环利用，并促进消费者的可持续消费习惯，用设计来帮助他们建立可持续的生活方式。例如当今许多国际大公司都使用可回收纸用于年报、宣传品的制作，用回收纸制成信笺，以体现其关注环境的绿色宗旨，同时树立良好的企业形象。

（4）减少无谓包装。目前我国市场上存在不少可有可无的“无谓”包装，例如给图书加上塑封、给水果套上塑料包装袋，甚至桶装水外也包装着一层薄薄的塑料袋，这些包装实际上并无必要。例如桶装水外包装袋，其主要作用是保持水桶外部清洁，同时防止水桶磨损，但其实薄薄一层塑料膜未必能起到防磨损的作用。桶装水送过来，塑料袋一扯就结束了它短暂的使命，造成资源的浪费。

自从 2008 年 6 月 1 日起实行“限塑令”以来，全国各大超市、商场、农贸市场开始实行购物袋有偿使用制度，并且诞生了大量的无纺布环保袋。然而好景不长，奥运会过后，在各地的农贸市场又开始免费提供超薄塑料袋，大型超市、商场虽然不免费提供，但 0.1 ~ 1.5 元的较低价也阻挡不了人们继续使用的步伐。然而，这些质地考究、印刷精美、成本不菲的塑料袋的最终用途大多成为各个家庭的垃圾袋。目前，使用无纺布环保袋日益成为主流，但使用者却普遍反映“既不好看，质量又差”，反复使用率不高。因为目前市面上所谓的环保袋，大多是用丙纶做的无纺布袋，比普通塑料袋厚实一点，但也是不好降解的。

在不少发达国家，提倡消费者购买时自带袋、包、篮来盛物，或使用能多次使用的尼龙购物袋。如日本的一些超市就对自带购物袋的顾客给予优惠。此外，各种自动售货机、自动售货设备也以全面减少无谓包装见长。丹麦早在 1981 年首先禁止使用一次性容器装啤酒、碳酸饮料和果汁。

减少无谓包装，减少资源的浪费，保护环境，理应得到我国有关部门的重视和推广。

（5）政府采取措施，使可持续包装设计走向法制。目前由于环保意识及包装认识上的误区以及缺乏相应的约束机制，可持续包装设计在我国的推行并不理想。究其原因，有人对可持续包装设计有利于人类生存环境的认识不深；有企业、设计师满足于短期的经济效益；有国家宏观管理部门在操作运行中缺少具体措施和检查手段；也有回收再利用没有转向产业化、商品化经营等等原因。虽然近年来陆续出台了一些有关包装的政策，但由于缺乏强制性的约束力，作用不大，加上我国国民环保意识淡薄，一些国外已经限用甚至禁用的包装材料仍在国内大量生产和使用，致使商品出口因包装不符合国外环保法规而遭受损失。因此政府应采取措施，尽快通过立法来管理包装的生产、流通和使用，鼓励扶持生产可再生和循环利用的包装材料、用品企业，并尽快完善有关法规和管理监督体系，使可持续包装设计走向法制。

（6）从教育入手，培养具可持续发展价值观的包装设计人才。要实现可持续发展还必须从教育入手。因为可持续发展是一个自觉的过程而不是一个自然的过程，在这个过程中，教育是关键。联合国《21 世纪议程》指出：“国家、学校或适当的国际和国家的机构和组织应该：从小学学龄到成年人都接受环境与发展教育；把环境发展的观念，包括人口统计学，结合到所有的教育规划中去，特别强调结合地方的实际情况讨论环境问题；鼓励大学设立对环境有影响的跨学科课程；推广与当地环境与发展问题有关的成年教育计划。”

高校的设计教育对于可持续发展而言有着不可替代的功能。2001 年，中国的设计学院与国际同行合作建立了“可持续发展设计中国网络”。设计教育就是要使设计人员明确个人的社会责任感和公共意识，让他们更多地思考如何通过设计活动为社会取得很好的社会效益、为所服务的对象取得更高的经济效益。我国目前资源匮乏，环境破坏严重，设计者理应具备洞察社会与环境整体的广阔视野和社会责任感。因此在高校培养未来设计师的社会道德、科学知识等综合素质教育是一个迫切的问题。不论是工业设计、服装设计、环境艺术设计还是包装设计，都可根据专业特点进行可持续发展的观念、设计与技术的探索。

4. 可持续包装设计的原则

可持续包装设计的原则：无害、节能和循环。

5. 可持续包装设计的方法

（1）材料的选择。

1）不可选用对人体和环境有毒性的材料。

2）选用生态性能、可降解的包装新材料（图 4-19、图 4-20）。

图 4-19 食品包装设计（设计：Helena Baita Bueno）
采用 100% 可循环使用的包装材料进行设计

图 4-20 鞋子、袜子包装设计
可回收纸浆重新造型而成的包装盒，以产品的尺寸来制作模板，直接进行外观的设计，再配以简洁的平面设计，形成了一款现代简约风格的包装

3）尽量选用单一种类的包装材料。

4）延长包装材料的寿命。

（2）包装结构的再设计。

1）简化包装结构。简练的结构配以明快的平面设计，才是一个简约的现代风格的包装（图 4-21、图 4-22）。

2）用单一材料巧妙地内部分隔、缓冲设计。可以替代对环境有害的缓冲物，并形成内外统一的设计风格（图 4-23、图 4-24）。

图 4-21 比萨饼包装设计（设计：Linda Gundersen）
包装结构十分简洁，所用材料没有复杂的弯曲、折叠工艺，符合快餐食品的包装特性

图 4-22 酒包装设计（设计：Hachiuma Mihoko）

图 4-23 文具包装设计（设计：Andrea Chappell、Cherry Goddard）

将办公套件以手风琴的形式环绕包装在管状的纸盒中，用单一材料巧妙地作内部分隔、缓冲设计，聚散间的设计魅力，也是该产品的实用之处

图 4-24 灯泡包装设计

3）节省空间。规整的形状和巧妙的堆放设计能节省空间（图 4-25、图 4-26）。

图 4-25 牛奶包装设计

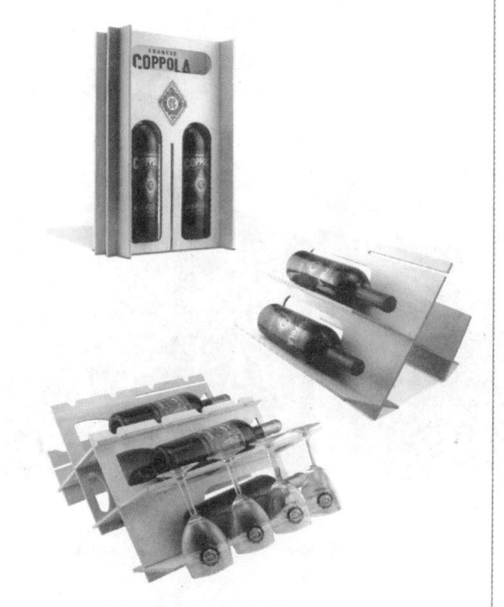

图 4-26 酒包装设计

该组合包装打开后能堆放和陈列商品，节省空间，结构设计巧妙

4）无胶着结构设计。在包装较轻的产品时可使用无胶的结构形式，可避免黏合剂的污染并方便回收分拣（图 4-27）。

5）通过结构设计，延续包装功能。让使用过的产品包装具有另一种功能来避免浪费，让循环再利用成为一个习惯而不是责任，用设计促进消费者的可持续消费习惯，帮助其建立可持续的生活方式（图 4-28、图 4-29）。

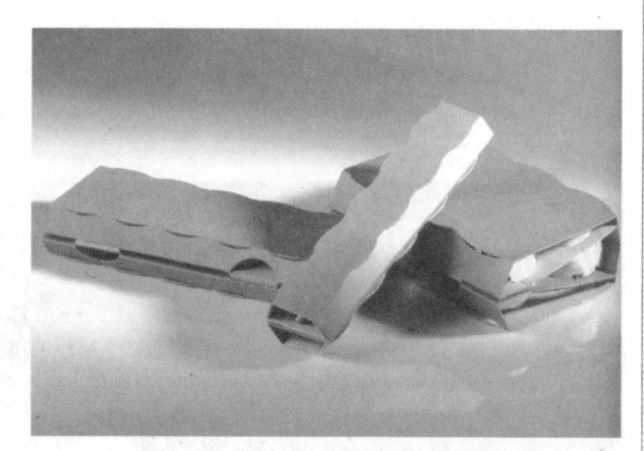

图 4-27 高尔夫球包装设计

简单的瓦楞纸勾勒出产品的外形，一纸成型，不需黏合剂

（3）建立更高的运输和储存效率（图 4-30）。

1）尽量缩小包装物本身的体积，并使包装可折叠。

2）加强包装对产品的减震效果和保护性能，减少运输和搬运过程的产品破损率。

图 4-28 耐克包装设计（设计：CLOT Company Ltd）

这是耐克一款名为“中国糕点盒”的包装设计，把中国的传统甜点盒外形和传统的吉祥图案相结合，提升了整个品牌的文化底蕴，该包装盒有多种用途，可循环利用

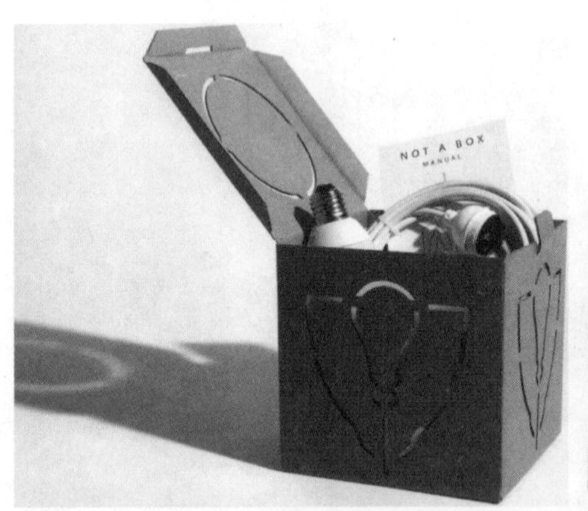

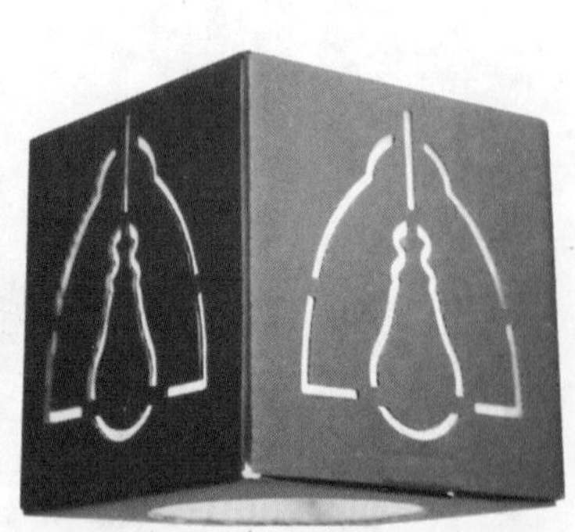

图 4-29 灯泡包装设计（设计：David Graas）

非常巧妙地延续了包装的功能，当把灯泡取出来之后，剩下的包装盒还是一个非常美观的灯罩，物尽其用

图 4-30 球包装设计（设计指导：Inabayashi Ryo）

集保护、展示功能于一体，并能节省运输和储存空间

（4）针对可回收性的设计。

1）选用单一种类的包装材料或混合加工不会导致功能失效的材料，可降低回收分拣的难度，再造产品的质量也较好。

2）如不能采用单一材料，则尽量选择容易分离的材料配搭（图 4-31）。

3）利用废弃物进行再设计（图 4-32）。

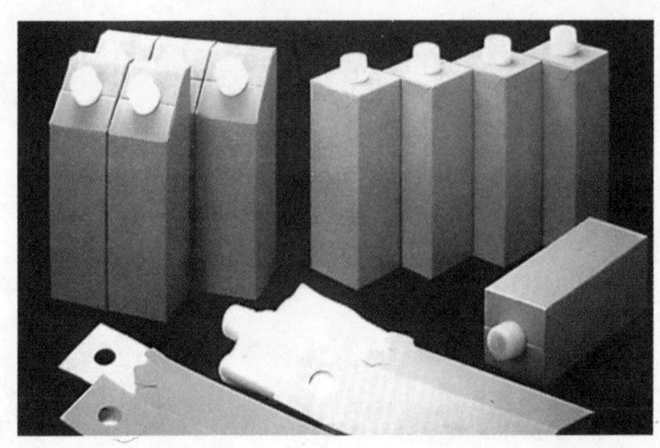

图 4-31 牛奶包装设计

这款设计最大的优点在于将纸塑分离，减去了日后回收再利用时复杂的分离工序，同时不影响作为盛装液体商品的功能

图 4-32 儿童椅子包装设计

4）充分了解最新的环境标志的信息，在包装上标上准确的标签以方便辨认。

可持续包装设计观源于人们对于现代技术文化所引起的环境及生态破坏的反思，体现了设计师的道德和社会责任心的回归。包装作为产品的最后一个环节，与设计密不可分。

可持续设计的观念虽经大力弘扬并已广为人知，但要将包装设计中的环保意识贯彻始终却有赖设计师、厂家以及全社会继续共同的努力。可持续包装设计从材料的获取到加工都与现存的渠道和生产程序截然不同，在起步阶段毫无疑问地会占据更多的资金、提高产品的成本，使企业面临一定的风险。但从长远的观点来看，随着环保意识在整个社会中的提高并逐步成为公众日常生活和消费行为的一部分，可持续商品及其包装无疑将对企业的发展起着积极的促进作用。

（三）人性化包装设计

1. 人性化设计的内涵

人性化是上个世纪 60 年代就逐步引起人们重视的一种设计趋向。产品不应只是供人消费的商品，还应成为使用者的有用工具，产品要达到的最高境界就是为人考虑，充分体现对人和自然的无微不至的关怀，设计的产品与人合为一体，成为人们所想所需的设计，这就是人性化设计的内涵。简单来说，人性化设计就是从过去对功能的单一满足上升到对人的精神层面的关怀。

人性化的设计意识体现了以人为本的设计核心，是运用美学与人机工程学的人与物的设计，是人与产品、人与自然完美和谐的结合设计（图 4-33）。

图 4-33 杯子设计

人性化的杯子手柄设计，是产品的设计亮点

2. 人性化包装设计的内涵

人性化包装设计注重改善产品与人之间冷冰冰的关系，力图将人与物的关系转化为类似于人与人之间存在的一种可以相互交流的关系。它是在产品功能的满足和对人体物理层次的基础上，又加上了精神上的关怀和爱护。例如根据现代生活方式的改变所创意的便携式设计；凸显逆向思维极具个性的设计；为具体的人定制的个性化产品与包装；运用幽默、怀旧、乡土气息的表现语言设计的包装等都能提升包装设计形象对消费者情感上的感召力。

人性化包装设计注重人体工程学，要求包装符合人的生理和身体尺度，同时关注消费者情感与心理。在包装的方寸之间将商品信息、民族文化、现代科技等因素有机的融合起来，并不断探求着人与物质之间的心灵感应和对话，富有强烈的人文气息和艺术张力，呈现出令人惊叹的多元化视觉语言（图 4-34 ~ 图 4-36）。

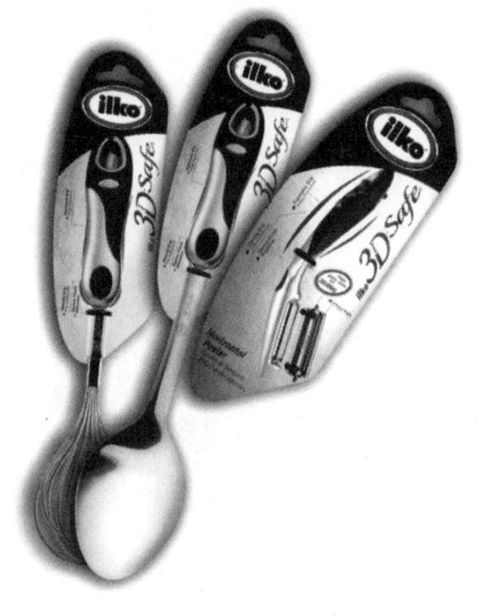

图 4-34 勺子包装设计

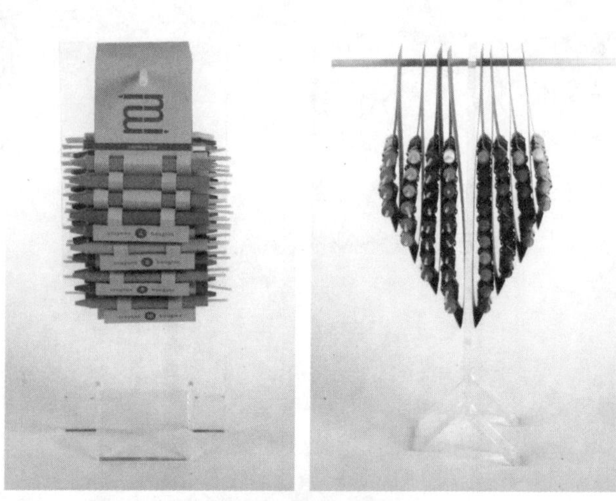

图 4-35 蜡笔、蜡烛包装设计（设计：Emanuel Cohen）

根据不同数量的商品进行组合包装，该包装可悬挂，方便展示、易于拿取，最大限度地节省空间，且由于商品颜色的绚丽多姿，给人愉悦的视觉感受

图 4-36 饮料包装设计

为创建一个新的、高档品牌与其他的功能饮料竞争，设计师设计出颜色鲜艳多彩，独特、时尚、诗意且艺术氛围浓厚的包装

3. 人性化包装设计的主要特点

（1）包装易开启、易关闭。

（2）包装易使用（图 4-37）。

（3）包装方便携带（图 4-38）。

图 4-37 美国纯净水包装设计（设计：卡里姆·拉希德公司）

瓶盖的设计使瓶子造型浑然一体，瓶盖的双重使用方式，给人带来干净、方便的感受

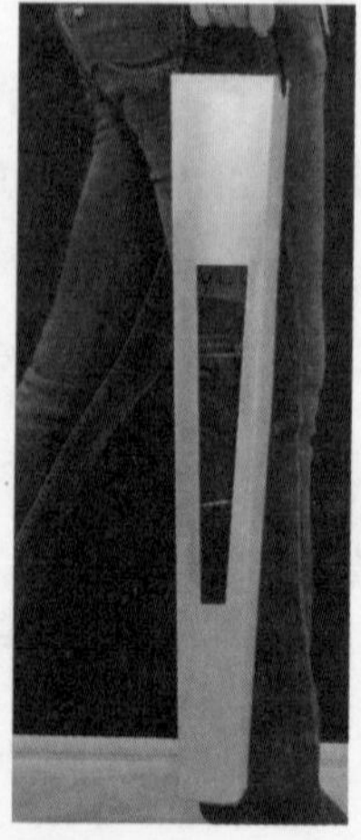

图 4-38 Lee 紧身牛仔裤包装设计（设计：Praveen Das）

该商品特点是紧身、窄脚，其包装紧密结合其特点进行设计，采用环保纸材，背面开窗展示产品，同时最大限度地避免了牛仔的褶皱程度，易于开启，方便携带

（4）包装用后易处理。

（5）关注消费者情感与心理。

（6）符合人体工程学。

包装的人性化设计不仅针对每一个设计环节，而且还针对不同消费人群。例如为方便户外工作、旅游消费者而设计的便携式包装，为方便老人、残疾人使用而设计的便利包装

等。或者在超市增加许多便利措施，以弥补设计的不足，如货架上备有放大镜，弥补包装上的文字太小看不清。

现代社会的设计师应该以整体社会人群需要为前提，设计师的知识多元化与个人经验将使设计更能满足人的需求。

（四）仿生与趣味包装设计

1. 仿生包装设计

“麻屋子，红帐子，里面睡个白胖子”这是我们从小听着长大的一个民间谜语。它描述的其实就是大自然物体的包装形态，比喻十分生动和形象。大自然是人类第一位老师，我们很多的最初行为都是出自对大自然的想象和模仿。自古以来，自然界就是人类各种科学技术原理及重大发明的源泉。

随着生产的需要和科学技术的发展，从 20 世纪 50 年代以来，人们已经认识到生物系统是开辟新技术的主要途径之一，自觉地把生物界作为各种技术思想、设计原理和创造发明的源泉。仿生设计学就是在这种背景下产生的。

仿生包装设计就是仿照生物的形象、结构、功能、色彩、材料、质地、效果来设计包装，使其具有生物的形态与结构，特性及相似性，从而给消费者以生命、活力、生机等感受，激发消费者的购买欲望、实施其购买行为（图 4-39 ~ 图 4-42）。

图 4-39 调味料容器设计

而仿生设计的魅力在于，借助艺术的表现手法，对生活原型物进行提炼后，打破常规的设计模式，创造性的模

图 4-40 大豆饮料包装设计

仿奶牛造型，可立可悬挂，突出商品“全天然的低脂肪大豆饮料”的特点

图 4-41 蒸馏海洋深层水包装设计（设计：Taiyen Biotech Co., Ltd.）

仿海洋鱼类生物的设计，突破传统的设计模式，创造出有生命意义的包装造型，给消费者一种新的消费体验，让人爱不释手

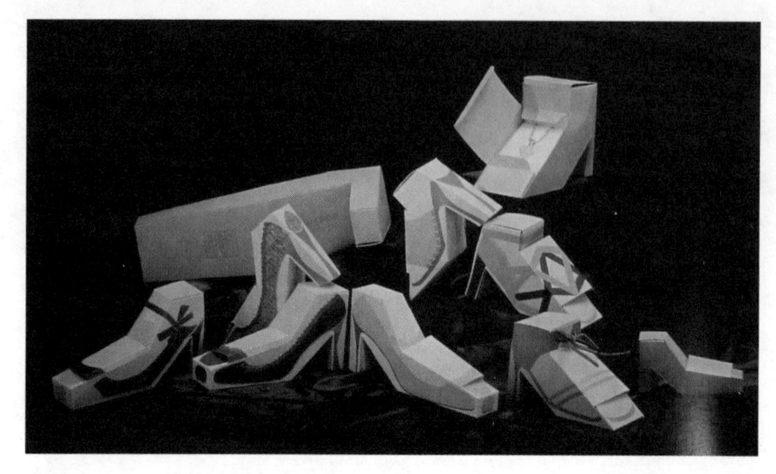

图 4-42 礼品盒包装设计（设计：安达知惠）

拟和创造，做到出其不意，爱不释手，让人产生购买的冲动。

仿生创意运用到包装设计中，使得产品具有了生命。它们一旦拥有了生命，也就有了思想和文化意蕴。仿生创意是为设计服务，为消费者服务，同时优秀的仿生设计作品亦可刺激消费、引导消费、创造消费。

2. 趣味包装设计

趣味一词，从本意上来讲，是在使用物品的过程中获得有趣、愉快、有吸引力的体验。趣味包装性设计，主要是从消费者的思想情感出发，在包装造型及平面设计上采用比喻、拟人、夸张等手法及精心巧妙的构思设计，增加包装的趣味性、亲和力和幽默感，使包装或幽默滑稽，或生动可爱，或自然质朴，或天真烂漫，以引发消费者的情感共鸣，同时激发消费者的购买欲望。

一般来说，趣味包装设计从立体结构设计或图形、色彩、文字等平面设计入手，通常采用模拟仿生的创作手法，打破传统的设计格调，力求造型独特、结构新颖、图形有趣、效果突出。

（1）造型、结构趣味。新颖有趣的容器造型、包装结构是趣味性包装重要的表现方式。趣味包装的结构造型方式多种多样，较多采用仿生自然的、仿造传统民族用品的、借喻趣味化卡通形象符号的。这不仅能使包装具有自然的和谐性、生动性和趣味性，而且能让人们看后获得轻松自如的感觉（图 4-43 ~ 图 4-45）。

图 4-43 洗手液包装设计（设计：DJ Stout）
模拟鱿鱼造型的洗手液包装设计，画面立体，色彩丰富，生动有趣

（2）图形、文字趣味。文字、图形也是商品包装构成趣味性、追求装饰情趣化的主要元素。夸张、拟人的图形不仅能表达人情味、幽默感，而且可带给人们精神上的享受和丰富的想象，创造出不同一般的视觉冲击力。情趣性语言文字符号不仅能准确传递信息，生动地展现商品的优秀品质，而且还可以表达思想，抒发情感，具有比其他语言更强的说服力（图 4-46 ~ 图 4-50）。

图 4-44 纸巾包装设计

将动物形象卡通趣味化进行纸巾包装盒设计，在使用上给人一种有趣的体验

图 4-45 茶叶包装设计（设计：Carlo Qiovani）

模拟人物形象进行的纸包装结构设计，而茶叶则是从嘴巴处打开，充满惊喜和趣味

图 4-46 朝日饮料包装设计（设计：小野达也、石川久仁雄）

塑造了一个生动的橙汁卡通形象，而且由于包装容量的不同表情也有变化

图 4-47 冰淇淋包装设计（设计：Joao Ricardo Machado）

用图形表达人们享用此产品的快乐感受，不失为一种趣味性体验

图 4-48 糖果包装设计（设计指导：Jesse Kirsch）

一个有趣且搞怪的表情给产品带来无尽的吸引力

图 4-49 食品包装设计（设计：Somchana Kangwarnjit，Chidchanok Laohawattanakul，Mathurada Bejrananda）

不仅包装上的图形表情各异，而且字体的设计也紧随其风格

图 4-50 摄像头系列包装设计（设计：周宁、李翊华，指导：阳丰）

在进行趣味设计时，要运用巧妙的构思和新奇的意念，同时充分应用现代的设计手段和丰富的设计语言，通过采用独特的处理手法和新颖的表现方式，使包装具有鲜明的个性和强烈的视觉冲击力。新颖别致的造型，鲜艳夺目的色彩，美观精巧的图案，各有特点的材质使包装能出现醒目的效果，使消费者一眼看见就产生强烈的兴趣。

（五）简约与无装饰包装设计

1. 简约包装设计

20 世纪 80 年代，简约主义作为一种追求极端简单的设计流派在欧洲兴起。这种风格把产品的造型简化到极致，从而产生与传统产品迥然不同的新外观（图 4-51 ~ 图 4-53）。简约替代了繁琐，简约优美的设计手法创作出的作品清新、自然。但并不意味着单调、呆板和空白的滥用，更非内容空洞的借口，简约艺术不是内容的删减，它需提炼设计的精华，展现新奇的创意。

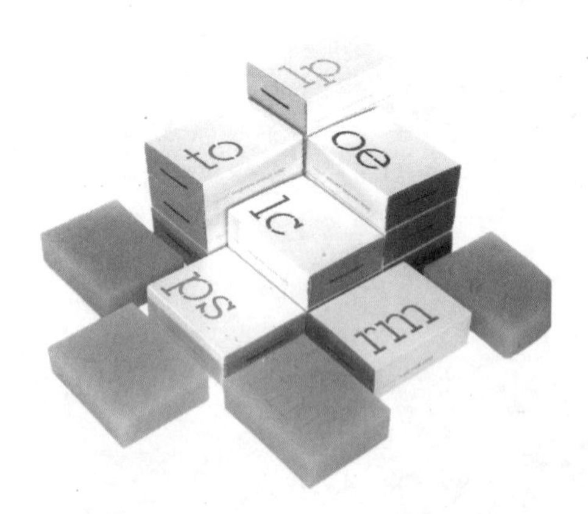

图 4-51 Tazaa 肥皂包装设计（设计：Jesse Kirsch）

图 4-52 纯净水包装设计（设计：Neue Design Studio）

简约的设计风格，给产品带来纯净的效果，瓶盖的设计别具一格

图 4-53 食品包装设计（设计：Jeffrey Wallace, Frank Borsa, Jason Davis, Cecilia Molina）

推崇最简单的包装结构，最节省的包装材料，最洗练的造型，最精练的文字及准确无误的信息传达。它主张用清晰、明确、冷静的抽象形式，追求简单中见丰富，纯粹中见典雅，强调“少即多”的设计思想，文字语言精练幽默，版式设计醒目简洁，表达意图直截了当；冲破常规的字体设计，使文字成为艺术，使观者能借助简约的字体设计领悟设计意图，强调布局构图的严谨但又不拘泥于简单形式而有所创新。

2. 无装饰包装设计

随着信息化时代的来临，商品在市场中的竞争激烈化程度急剧增加，不断更新的商品正以更加迅速及快捷的方式吸引着消费者。商品包装借助摄影、绘画、插图、字体、色彩、印刷等各种视觉传达手段出奇制胜，体现着商品的个性和差异。然而，“无装饰包装设计”反其道而行之，试图通过无装饰化的包装设计在众多静态商品中迅速有效地引起消费者注意并唤起消费意识。

无装饰包装设计具有以下特点：

（1）包装结构与产品一体化。包装同其包裹着的产品达到高度的完善统一，统一到让人感觉不到有任何包与装的痕迹，甚至感觉不到包装的存在，产品与包装一体化（图 4-54 ~ 图 4-56）。包装不必时刻显示出自己的身份地位、个性，以至成为消费者的额外负担而被人们唾弃和诟病。

（2）极简主义的文字、图形。无装饰包装设计是以最单纯的文字符号、最简洁的图

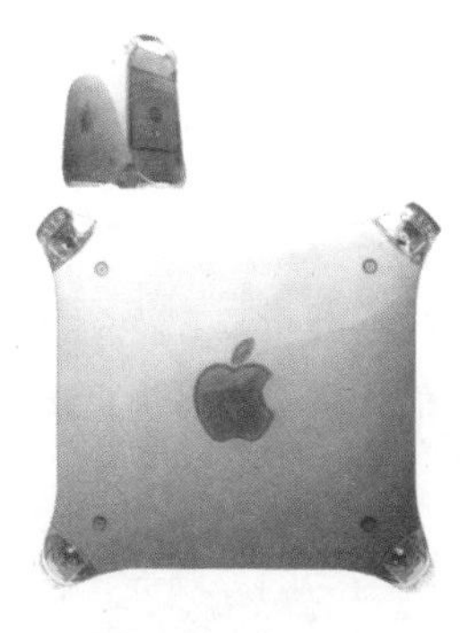

图 4-54　苹果电脑
其塑料外包装与产品已经融为一体

图 4-55　皮带包装设计（设计：Adree Lapierre）
采用牛皮纸与皮带包裹折叠在一起，起到缓冲保护作用，同时可吊挂，版式简洁，无多余的装饰

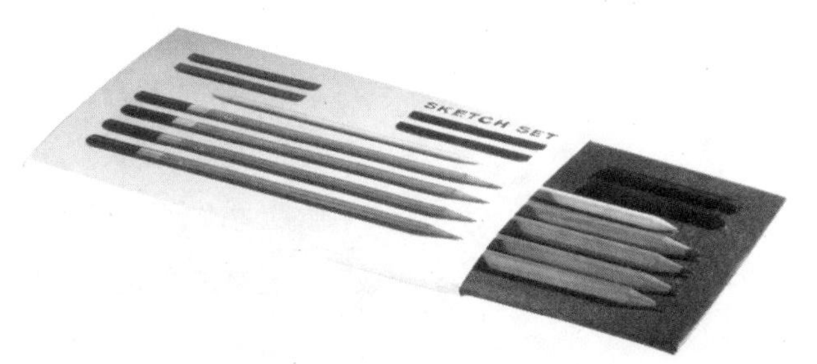

图 4-56　铅笔包装设计（设计：Lindsey Rewusiki）

形为基础所进行的一种有效的视觉形象与流程设计，以少胜多，逐渐淡化设计中的装饰意味。将简洁明快的视觉效果与个性化现代包装设计有机地组合，形成了信息时代无装饰包装设计的一大特征（图 4-57 ～图 4-60）。

图 4-57　化妆品包装设计（设计：Rosa Lazaro）
以药物形象为载体的化妆品包装，明显且直观地体现产品的无菌性。整版采用文字元素构成，体现出版面上排列的理性化和极简特征

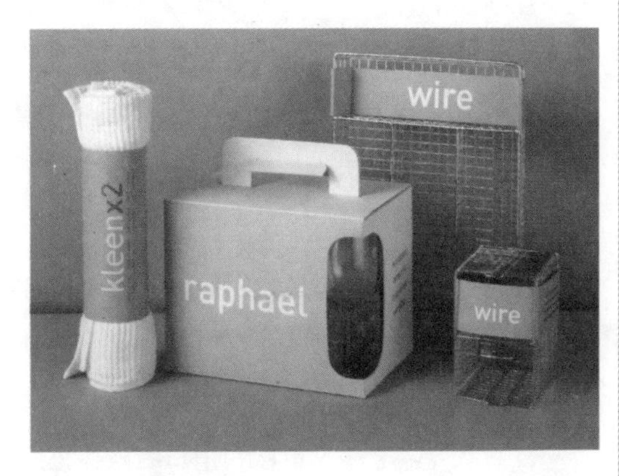

图 4-58　餐具包装设计

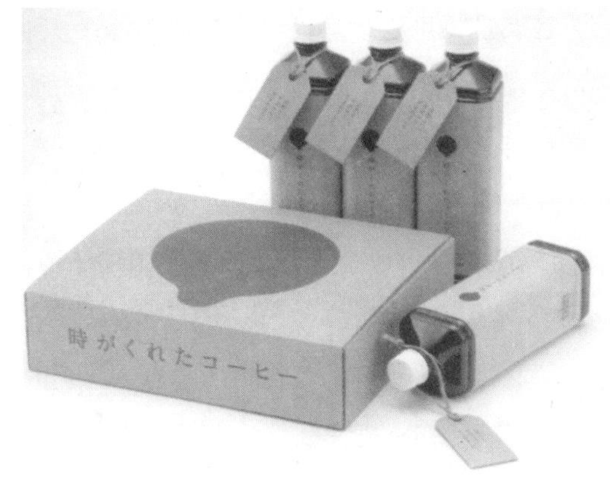

图 4-59　咖啡包装设计（设计：Ryo Ueda & Minami Mabuchi）
在纯色的背景上完全以文字和极简的符号来控制每个展示面，标签上细微的文字排列更显设计的独特匠心

图 4-60　液体胶水包装设计（设计：Stockholm Design Lab）

（六）交互式包装设计

1. 交互设计的内涵

“交互”源于英文“interaction”，泛指人与自然界一切事物信息交流的过程，表示两者之间的互相作用和影响。随着电子信息技术和网络的高速发展，人们沟通交流的方式不断改变，越来越注重互动和体验。

交互设计，就是研究人工制品、环境和系统的行为，以及传达这种行为的外观元素的设计和定义。交互设计是一种如何让产品易用，有效而让人愉悦的技术。它致力于了解目标用户在同产品交互时彼此的行为，了解“人”本身的心理和行为特点，同时，还包括了解各种有效的交互方式，并对它们进行增强和扩充。有交互就要有界面，而交互界面是由个体行为建立并保持的一个空间，交互设计的目的是通过对产品的界面和行为进行互动和交流，让产品和它的使用者之间建立一种有机关系，从而可以有效达到使用者的目标。

这种新的设计观念影响广泛，已经在产品设计、软件设计、数字媒体设计等设计领域掀起了一波设计革命高潮，也势必对包装设计产生重要的推动作用。

2. 交互式包装设计的内涵和特点

随着人们的消费水平日益提高，消费者对包装的需求不再局限于保护、环保、美观、促销等作用上，而是希望包装在继承原有功能基础上更具活力，给消费者更多的信息，于是，交互式包装设计——一种全新的、动态的包装设计理念应运而生。

交互式包装设计的主要内涵是指通过包装材料和包装手段的实施，将包装和产品直接联系起来，甚至成为产品的一部分，使产品和消费者之间建立起一种紧密地互动和交流的包装设计。

任何设计，都同时包含了形式、行为和内涵三个维度。传统设计更多地关注于内容和形式，而交互设计和传统设计类别最大的不同是，它更多关注的是人或物、人与物甚至人与人之间的行为和内涵。同样，交互式包装设计不只是关注视觉形式是否能吸引消费者购买，而是更多地研究如何传达包装的信息，消费者如何使用该包装。

按包装技术的不同，交互式包装有感觉包装、功能包装和智能包装。

（1）感觉包装。感觉包装是指可以让消费者对包装产品有一种直觉上的感受的包装，包括视觉、触觉、味觉、嗅觉、听觉等方面的感觉（图 4-61 ~ 图 4-64）。如带有气味的包装，有特殊质感纹理的包装，以及视觉效果夸张的包装等。例如将巧克力、水果或烤肉提取的气味融合在胶粘剂或涂料中，使整个包装充满诱人的味道，使产品和消费者之间建立起嗅觉的联系。

（2）功能包装。功能包装是为解决与内装物相关的包装问题的一种科学方法，用来保护包装内容物不丢失任何价值。主要体现在防护材料和防护技术上，如抗菌塑料、防臭包装、防锈包装、无菌包装以及安全包装等。功能包装可以有效地避免内容物被干扰，起

图 4-61　香蕉果汁包装设计（设计：Naoto Fukasawa）

味觉与视觉转换的极佳案例，将香蕉果汁口味特点与包装结构相结合，创造了独特的包装造型

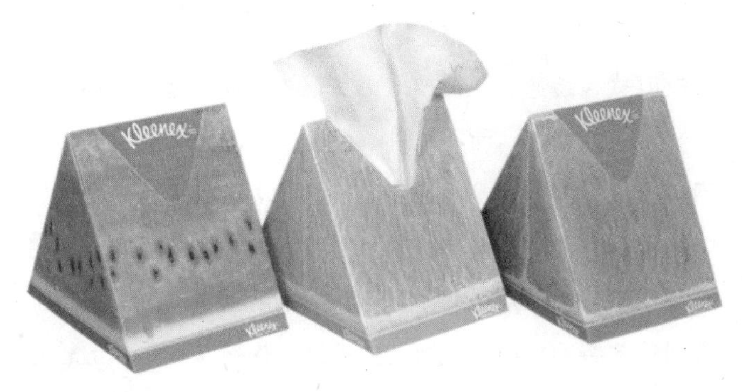

图 4-62 纸巾包装设计（设计：Jennifer Brock）
水果的造型与水果味道的纸巾相结合设计，带来全新的视觉和嗅觉感受

图 4-63 耳机包装设计（设计：Corinne Pant）
利用一张白纸做背景，将耳机排列出音符形状，似乎与消费者正在进行音乐互动，既有趣又有视觉冲击力，更容易吸引人的眼球

到保持作用，例如在水果汁等液体包装盒上加一个特殊的盖子，并做热封口处理便可延长果汁保质期和口感，起到防腐作用，而不需要在水果汁里直接加防腐剂等添加剂。

（3）智能包装。智能包装是指对环境因素具有“识别”和“判断”功能的包装，它可以识别和显示包装空间的温度、湿度、压力以及密度程度、时间等重要参数。主要包括智能包装材料、智能包装结构以及智能包装机械。智能包装材料通常包括光电、热敏、温敏、气敏等功能材料，被广泛运用在食品和药品包装中（图 4-65）。

图 4-64 酒包装设计
酒瓶以及外包装具有特殊质感纹理，使消费者产生不一样的视觉和触觉感受

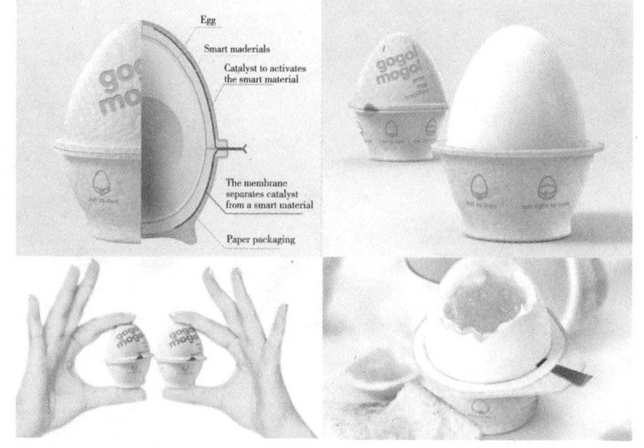

图 4-65 Gogol Mogol 能煮熟鸡蛋的包装盒设计（设计：俄罗斯设计机构）
每个鸡蛋由多层回收纸板包装，第一层是普通纸板，第二层是催化剂，第三层是智能材料。该鸡蛋包装盒拥有一个类似手雷拉环的标签，当你拉出标签时，催化剂与智能材料随即发生化学反应，释放出的热量随即将鸡蛋煮熟。这个巧妙的设计不仅节约了煮鸡蛋的时间，而且让随时随地吃上热乎乎的熟鸡蛋成为可能

例如利用光能、化学能及金属氧化原理，使食物在短时间内自动加热或自动冷却的食品包装；为方便给婴儿喂奶或老人吃药，在盛装不同食品或药品时显示不同颜色，以供识别的热敏显色包装等。英国一家公司研制成一种成人药品新包装，该结构要求打开药品包装外壳不需要用力（适于老年人），只需借助成年人的手掌即可，而儿童的小手掌无法拿到药品，它通过智能型的包装结构达到保护儿童安全的目的，并可反复使用，节约资源、减少污染。

3. 交互式包装设计的原则

（1）以消费者为中心的设计。交互式包装通过包装技术或其他手段建立起与消费者更加紧密地联系，使消费者体会到包装本身的功用，而不单只是关注产品本身。交互式包装设计不是设计师的自我表达，也不应该优先考虑技术、加工工艺，而应该以人为中心，根据消费者的背景和需求进行针对性的设计，要注重设计的易用性和宜人性，积极地研究特定消费人群的心理、背景和购买环境等因素，确保设计符合目标的期望。

交互式包装侧重于研究消费者对待包装的拆解方式及用力程度，使包装在结构上趋向于合理，同时也能使消费者轻松愉快地使用产品（图 4-66、图 4-67）。

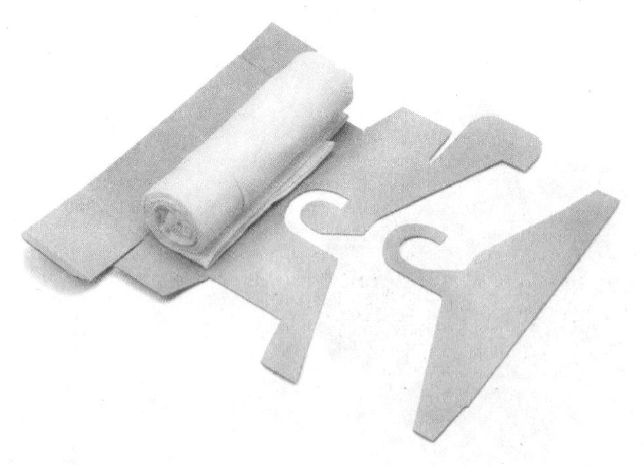

图 4-66 学生工作制服装包装设计（设计：John Larigakis）

根据消费者的背景和需求进行的针对性设计，服装拆包后，拆解包装的一部分可作衣架

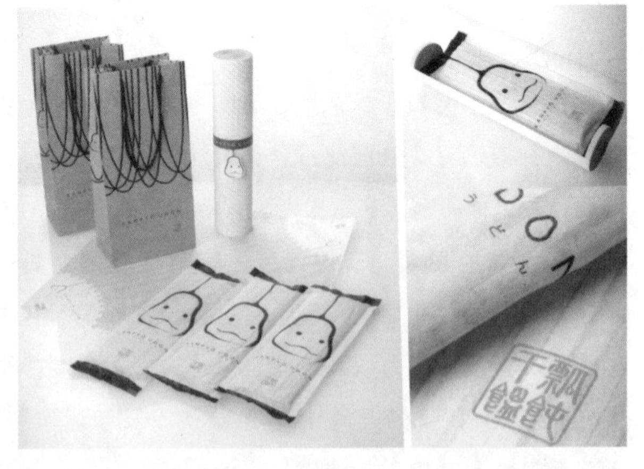

图 4-67 乌冬面包装设计（设计：Nosigner）

个包装易于开启，手提袋上的插图设计与手提绳相似，给人一种奇妙的视觉感受

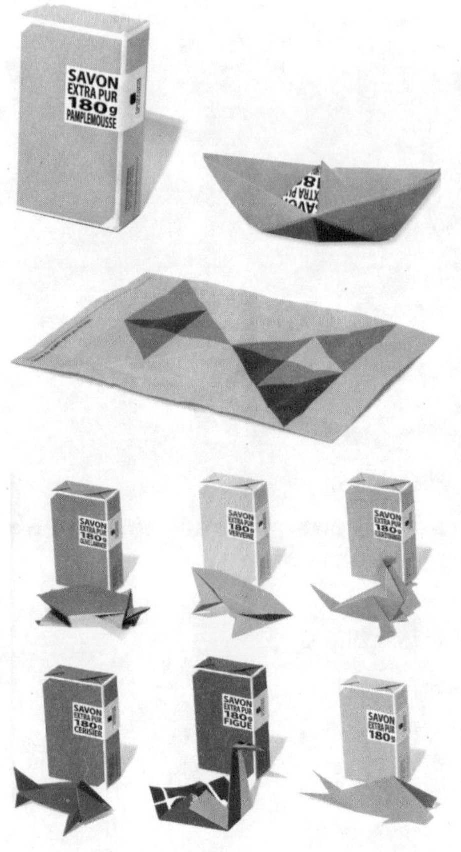

图 4-68 肥皂包装设计（设计：Studio Plastac）

该包装用完后可作折纸游戏，将消费者的参与融入到设计中

（2）注重体验的设计。20 世纪 90 年代，人类迈入了体验时代。体验消费模式将传统消费模式对人的生理和安全等低层次需求关注扩大到对消费者自尊及自我价值实现等高层次的精神需求的思考。体验设计将消费者的参与融入到设计中。消费者不仅仅通过视觉、听觉、触觉、嗅觉等感官系统来感知，还包括了精神愉悦等全方位的体验（图 4-68 ~ 图 4-70）。

要达到与消费者的互动和交流，交互式包装设计必须注重消费者的感官体验、情感体验。从购买过程到产品使用，注重顾客感官上的体验，借助包装设计建立与顾客互动，体现人文关怀，增加产品附加价值。同时，通过各种形状、色彩、肌理等造型要素，将情感融入设计作品中，在使用产品过程中激发人的联想，产生共鸣，获得情感上的愉悦和满足。

例如水井坊包装的开启方式和开启过程，巧妙地融入了传统文化内涵，是以消费者参与的方式加强了对产品尊贵好酒的概念的诠释。

信息时代互动特性带来了包装设计革命的新特性。互动的包装设计更会引起受众的兴趣，满足人们的参与感。受众不再仅仅是信息的接受者，他们拥有更大的选择自由和参与机会。要想使包装起到对商品的更好的促销作用，就要改变包装原先的状态，改静为动，成为一个可以沟通和交流的“活体”。

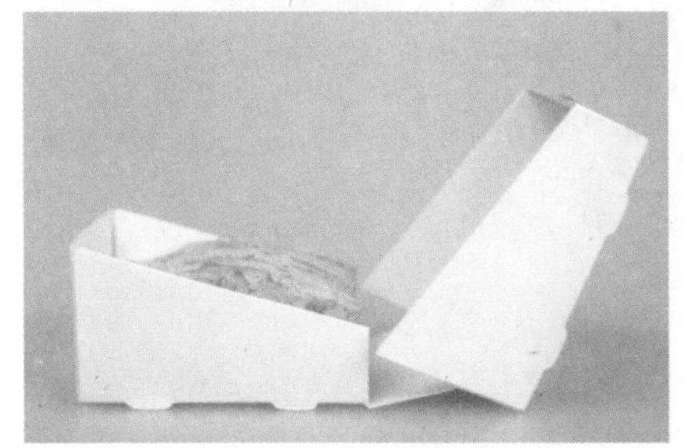

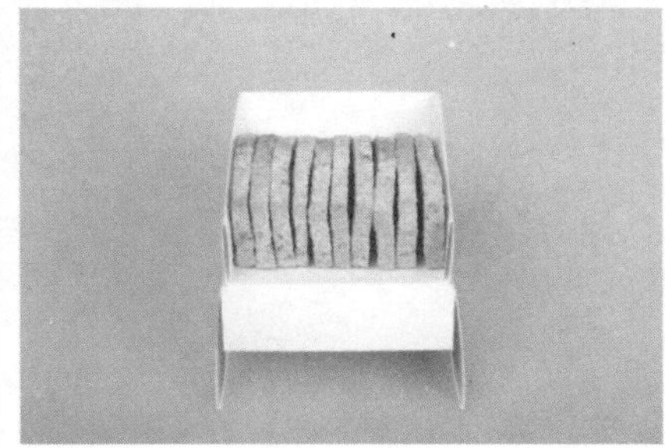

图 4-69　食品包装设计（设计：Gerlinde Gruber）

包装开启后可变幻成一个支架，此外包装不仅保护产品，而且能提供最好的服务

我们不仅要把握好产品与外包装的关系，也要把握好产品与消费者之间的关系。交互式包装设计的诞生和发展，改善了产品与消费者之间的关系，增强了企业的竞争力，将成为未来包装设计发展的一个趋势。

（七）季节包装设计

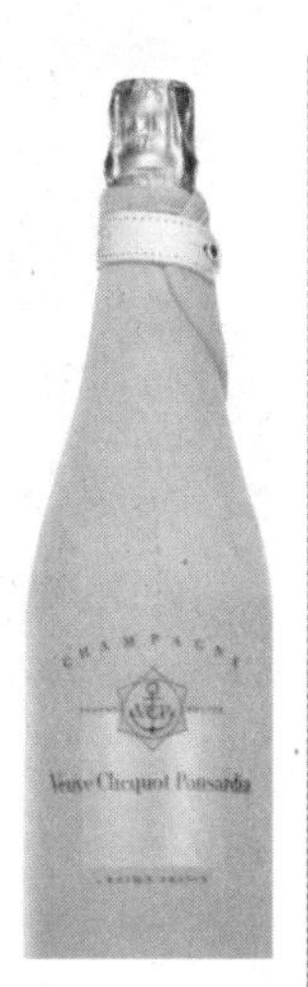

图 4-70　凯歌香槟包装设计（设计：LE 5 RUE DOSNE）

设计师使用潜水装的材料氯丁橡胶为香槟制作冰夹克，制造出一个优雅细致且保冷的外装套子。借助拉链的开与关建立与消费者互动和交流，具有创新意义

季节与生活密切相关。中国民间流传着二十四节气口诀：“春雨惊春清谷天，夏满芒夏紧相连，秋处露秋寒霜降，冬雪雪冬小大寒”，体现了中国传统的季节概念。随着季节的不同人们从事的生产生活、庆祝活动各不相同，比如迎春、踏青、清明、端午、中秋、重阳、元旦、春节，等等。

以季节为中轴指导的商品包装设计，将季节概念转化成形象体现在具体的包装设计之中，如同一款礼品在不同季节适时推出不同的设计，或根据不同季节开发体现季节特点的产品和包装等，提醒人们关爱自然、热爱生命，丰富了商品的内涵和话题性，引导潮流和消费，使商品包装更加人性化（图 4-71 ~ 图 4-74）。例如广州酒家的“秋之风”广式腊味就是把秋天的色彩、意境、情感融于包装设计之中，既符合商品的属性，又能唤起人们对秋天的关注和美好的遐想。

以中秋节为例，这个节日的文化气氛就是全家团圆的祥和氛围，以及亲朋之间美好祝福和礼物的互相馈赠，以此为出发点的设计就主要表现美好的情感寄托，与此相关的包装设计也主要是采用了一些柔和、温暖的色调，让人能够联想到温情、感受到温暖，图案也

图 4-71 促销礼盒设计（设计：Jack AndersonJana Nishi）
产品包装用高明度的黄色做底色，配以百花争艳的插画，整个包装春意浓厚，促进了客户的消费欲望

图 4-72 化妆品包装设计（设计：落合佳代）

图 4-73 月饼包装设计

图 4-74 栗馒头包装设计（设计：富久真一郎）

主要采用一些花好月圆的祝福性质的纹样，营造美好的视觉氛围。

除此之外，对于一些常年都需要的生活用品的包装设计，也可以根据一年四季变以不同的色调，从色彩给人不同的视觉和心理感受出发，让消费者在冬季感受到一丝温暖，在夏季感受到一丝清凉，在设计中贯穿一种人文关怀，增强商品的市场竞争力。

二、包装设计表现

（一）手绘

使用铅笔、钢笔、水彩笔、彩铅笔等绘制工具，对包装的造型结构、包装平面设计要素进行布局描绘，将创意方案视觉化，可以迅速地表达设计意图，促成包装设计大方向的认定，同时也可以作为收集设计素材的一种手段（图 4-75 ~ 图 4-80）。

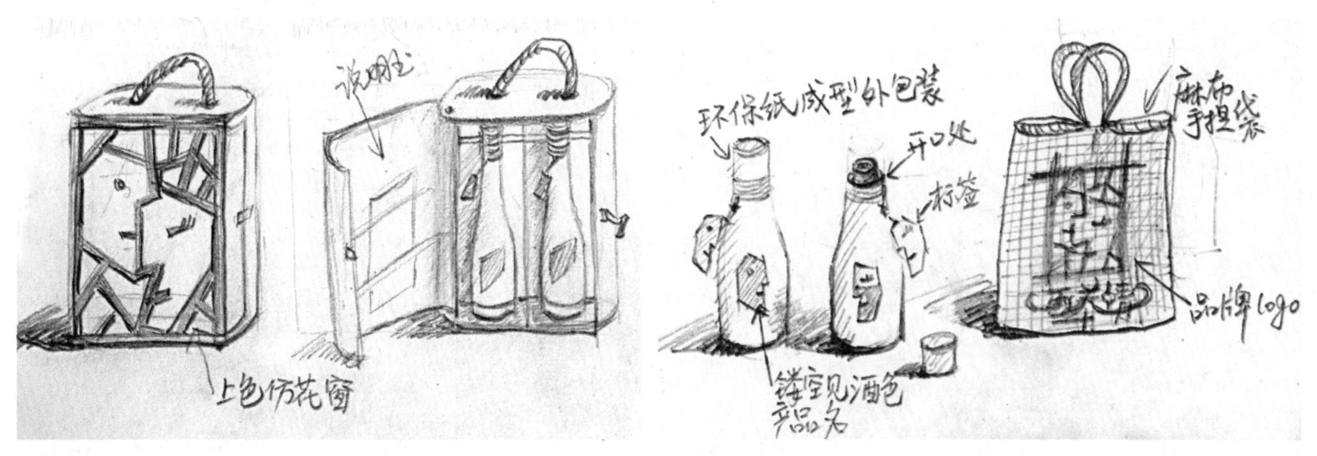

图 4-75　“西关情”酒包装设计草图（设计：唐小成，指导：王娟）

图 4-76　汤料系列包装设计草图（设计：庄宏，指导：王娟）

图 4-77 “沁芳园”双皮奶包装设计草图（设计：成建霞，指导：王娟）

图 4-78　“广州印记”纪念品及包装设计草图（设计：余威威、苏惠慈，指导：王娟）

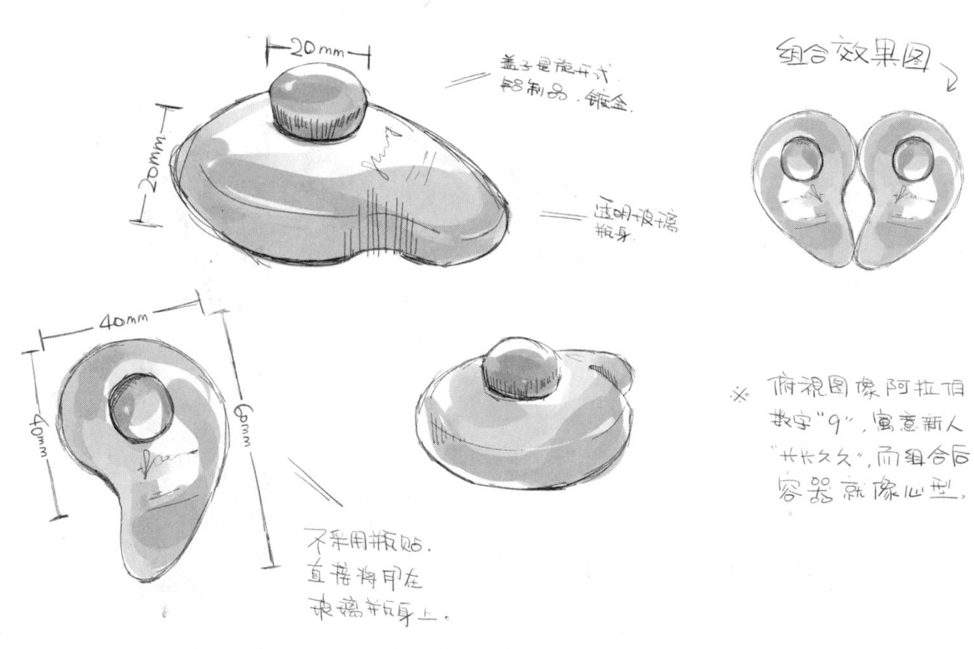

图 4-79　婚庆喜蜜容器造型系列设计草图 1（设计：邱欣宜，指导：王娟）

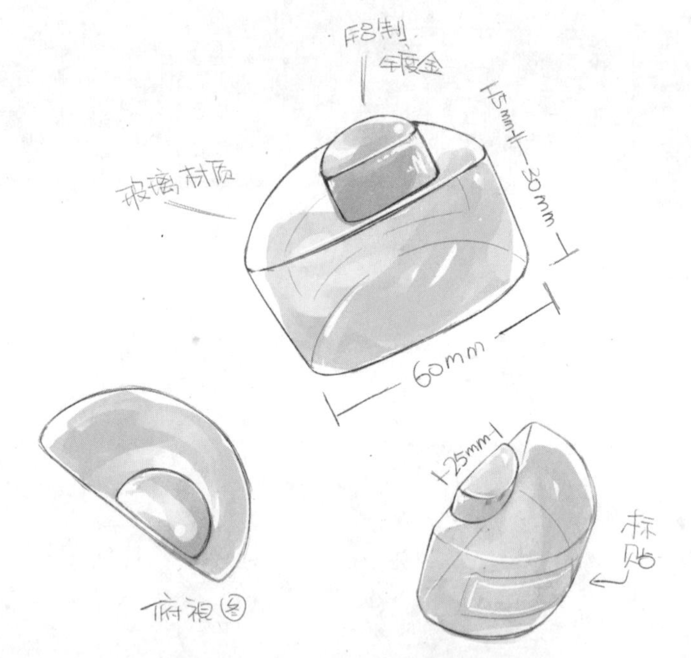

图 4-80 婚庆喜蜜容器造型系列设计草图 2（设计：邱欣宜，指导：王娟）

（二）电脑效果图

运用 Photoshop、Illustrator 等平面设计软件，将包装的图形、文字、色彩等要素与造型的关系进行具体化表现。运用三维应用软件，制作电脑效果图，可逼真模拟表现产品的设计风格、材质、结构等特点，让客户直观地了解包装样式，具有很强的说服力（图 4-81 ~ 图 4-84）。

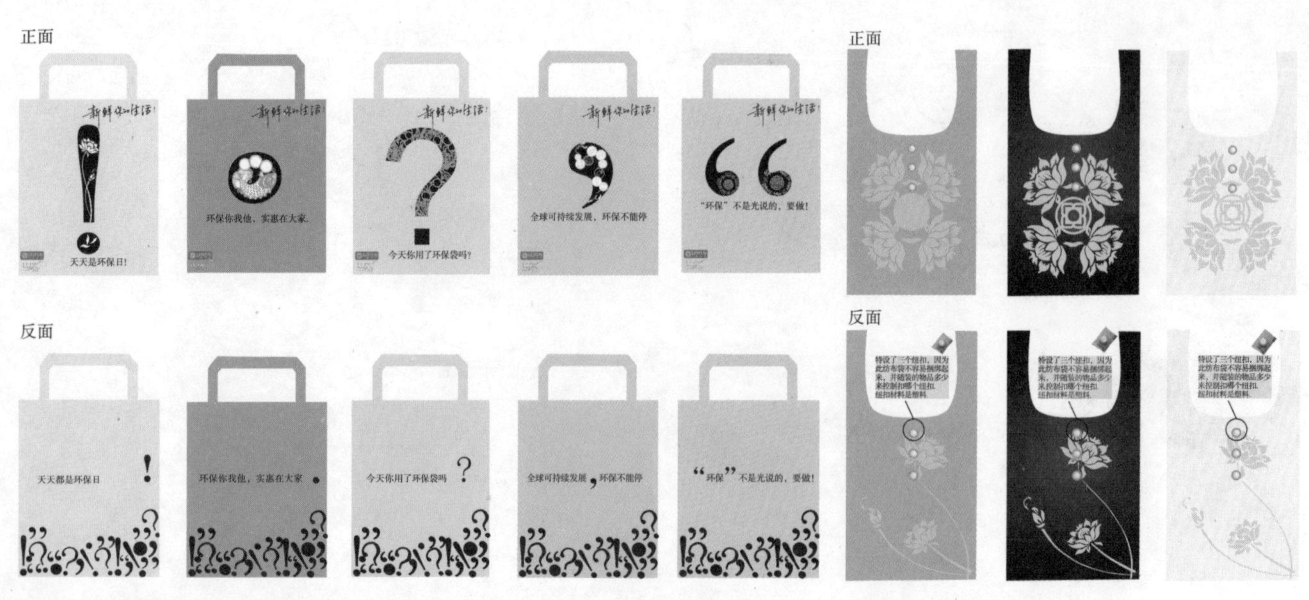

图 4-81 卜蜂莲花·力士环保袋设计（设计：卢彩蝶、陈栋才，指导：王娟，获 2008 中国卜蜂·莲花力士环保手提袋设计大赛优秀设计奖）

作品材质：无纺布，承受重量：≤ 15kg，印刷工艺：专色丝印，成品尺寸：高 40cm× 宽 35cm

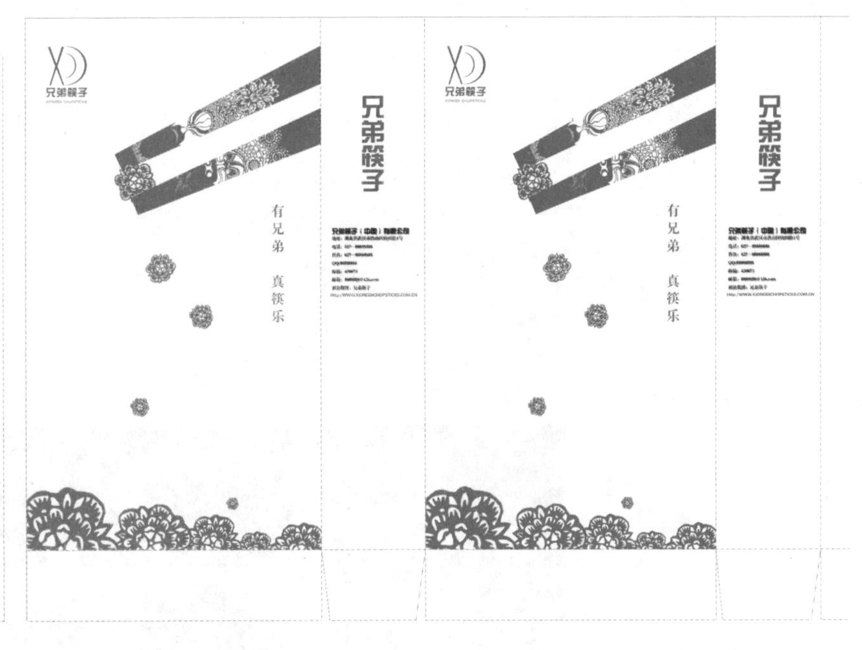

图 4-82　兄弟筷子包装设计（设计：黄红燕、阳威）

运用中国文化元素——民间剪纸这一传统艺术来设计的筷子包装，为品牌宣传起到了很好的作用，可作为旅游纪念品

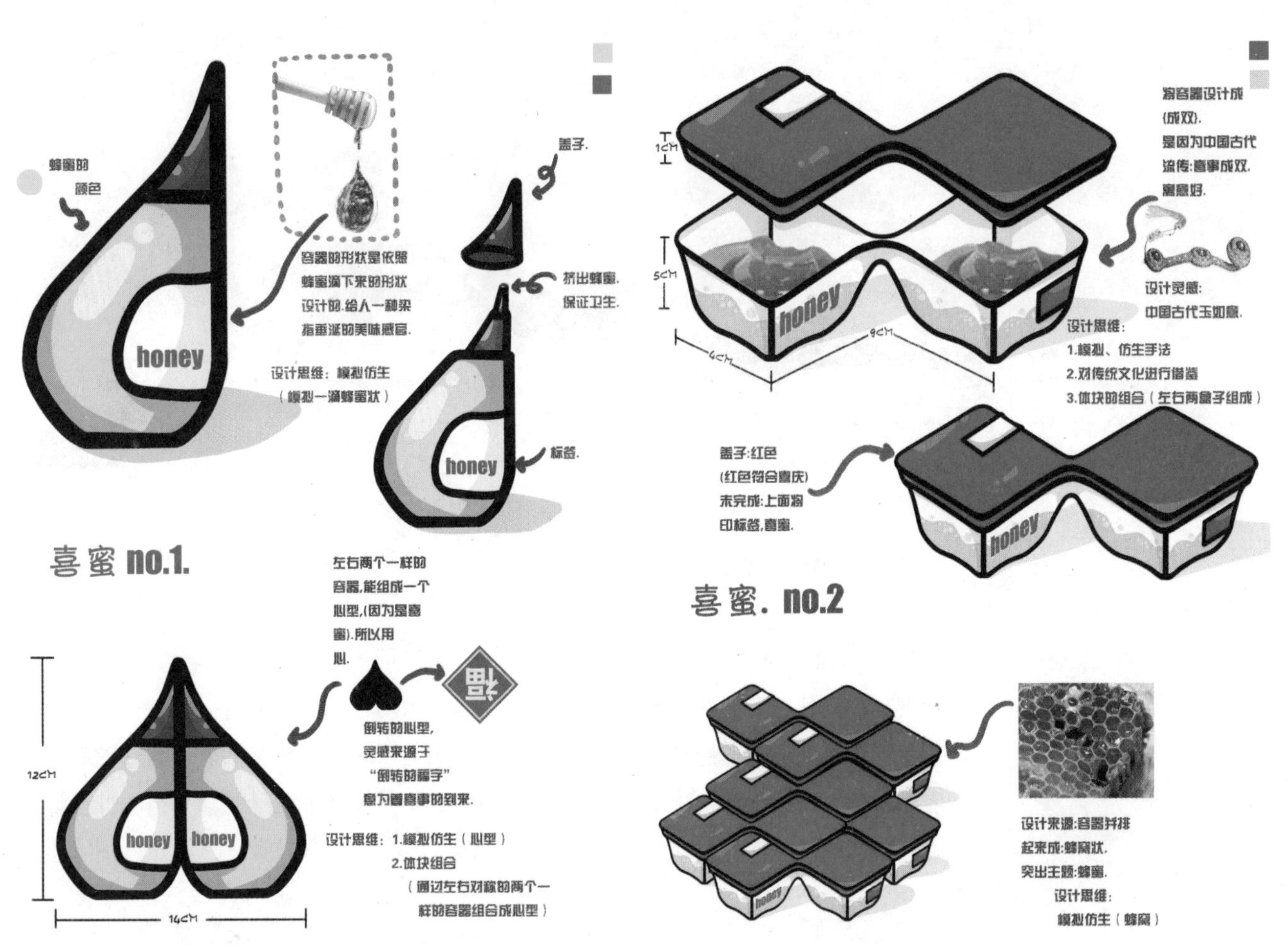

图 4-83　婚庆喜蜜容器造型系列设计电脑效果图（设计：吴佩娟，指导：王娟）

（三）模型

计算机三维效果图可模拟包装造型的质感以及各种角度的变化效果（图 4-84），但缺乏真实的模型所提供的质感和触感。

硬纸板是常用的包装建构材料，常被用来制作纸质包装模型。

因泡沫塑料使用便捷，所以很早就被用于三维设计试验和模型制作。制造线条复杂的模型时，木材是一种更好的选择，因为它比泡沫塑料更能控制弯度。

石膏和油泥常被用于制作包装容器模型（图 4-85、图 4-86）。

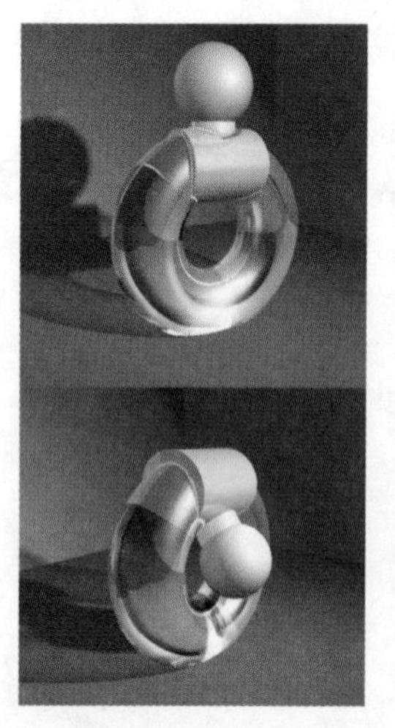

图 4-84 容器造型电脑效果图（设计：陈中威，指导：王娟）

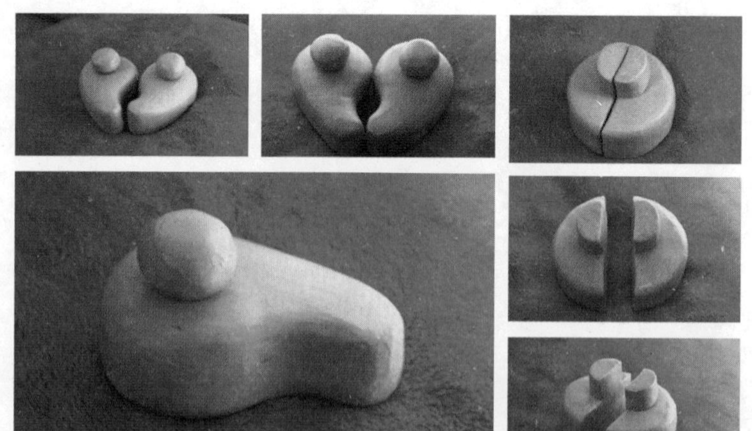

图 4-85 婚庆喜蜜容器模型（设计：邱欣宜，指导：王娟）

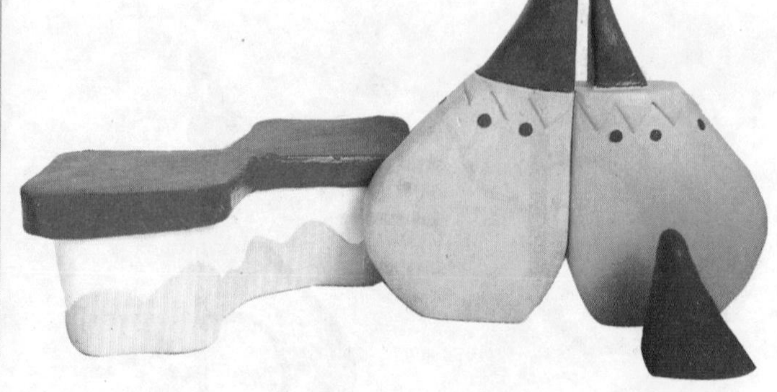

图 4-86 婚庆喜蜜容器模型（设计：吴佩娟，指导：王娟）

（四）实物样品

1. 容器样品

容器样品制作时需要有准确的技术图样，上面标明所有基本的尺寸，明确说明真实包装所用的材料和表现处理的细节。在专门的模具制作公司根据模型制作容器造型模具，然后在容器制作公司制作容器样品，通过各种测试后，才能获准批量生产。最后设计出的极具逼真的包装样品主要用在客户展示会上。

2. 数码打样

打样是纸制包装设计过程中必须经历的一个环节，是检测未来成品的印刷制作质量和效果的一个关卡，是设计师必须具备的技能。数码打样是通过数码方式用大幅面打印机直接输出打样，以替代传统的制胶片、晒样等漫长的打样工艺流程。随着全球印刷业使用计算机直接制版的趋势，已逐渐替代传统打样方式（图 4-87 ~ 图 4-91）。

图 4-87 “西关情”酒包装设计（设计：唐小成，指导：王娟）

图 4-88 汤料系列包装设计（设计：庄宏，指导：王娟）

图 4-89 “沁芳园”双皮奶包装设计（设计：成建霞，指导：王娟）

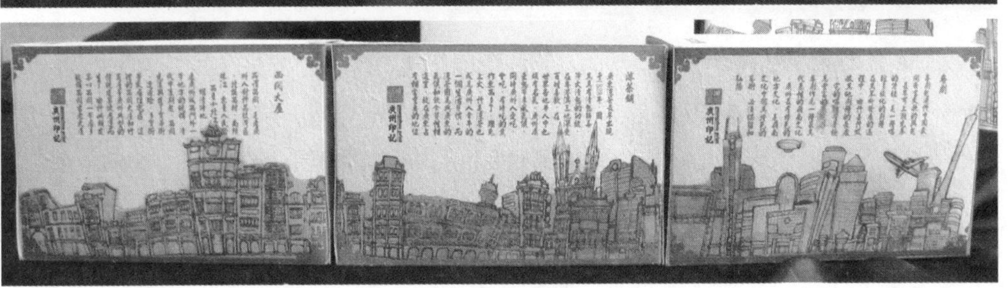

图 4-90（一）“广州印记”纪念品设计及包装设计（设计：余威威、苏惠慈，指导：王娟）

图 4-90（二）“广州印记”纪念品设计及包装设计（设计：余威威、苏惠慈，指导：王娟）

图 4-91 婚庆喜蜜包装设计（设计：吴佩娟，指导：王娟）

（五）包装印刷

1. 印刷的种类

包装设计与印刷术密不可分，印刷技术的发展大大推动了包装设计的发展。包装印刷通常根据印版的不同可以分成凹版印刷、平版印刷、凸版印刷、孔版印刷等印刷方式。除此之外，还可以根据不同的需要采用以下几种分类方法：

（1）按照承印材料的不同，包装印刷可以分为纸及纸板印刷，塑料薄膜印刷，塑料板材印刷，金属印刷，玻璃印刷、陶瓷印刷、织物印刷等。

（2）根据包装品的外形和用途可以将包装印刷分为纸包装制品印刷、塑料包装制品印刷、金属包装制品印刷、玻璃包装制品印刷、陶瓷容器印刷、标签印刷等。

（3）按包装内容物可将包装印刷分为食品包装印刷、饮料包装印刷、医药包装印刷、电子产品包装印刷、烟酒包装印刷、化妆品包装印刷、玩具包装印刷、礼品包装印刷等。

（4）按承印物的表面形态可将包装印刷分为平面印刷、曲面印刷和球面印刷。

2. 印刷的特点

（1）凸版印刷。简称凸印，分为活字版印刷与橡胶版印刷。特点是一种直接加压力印刷的方法，印刷的部分凸起，非印刷的部分凹下，在凸起的部分施墨，印刷机施加一定的压力，将墨转印到纸上的印刷方法。由于印刷时需要的压力较大，版面将不断被磨损，印刷的数量受一定的限制，同时印刷品的纸张一般不超过四开。是套色印刷程序，每一套版只能印刷一种颜色，画面上有几种色就要制几套版。

优点是印制品的墨色比较厚实，网版部分的网点清晰不虚，适合印制凸凹和烫金的包装设计作品。

（2）凹版印刷。凹版印刷的原理与凸版印刷相反，印刷部分凹于版面，非印刷部分则平于印刷版面，当油墨滚在版面上时，会自然陷入到凹下去的印刷部分里，在印刷前将印刷版面表面的油墨刮擦干净，只留下凹下部分的油墨，在纸张通过轮转机后，凹陷部分就被转印到纸上。

凹版印刷有两种方式，一种是雕刻凹版；一种是照相凹版。前者是以雕刻线条的粗细深浅来体现印刷效果，适于表现细腻的线条、文字、图案，多用于印刷票证。后者是利用感光和腐蚀的方法进行制版，适合表现明暗和色调的变化，通常用做精美画册画报、包装纸、邮票、色泽鲜艳的塑料包装等。墨层厚、立体感强，印刷质量好，印刷版面的耐印力强，适合于多种承印物印刷。

（3）胶版印刷。也称平版印刷，特点是印版表面的图文和空白部分处在同一平面上，印版上的图文均为正像。准备印刷的印版上的图文部分用油脂类物质处理后，应用水和油墨相互排斥的原理，转移到一种专用的胶皮滚上。纸张与带有油墨的胶皮滚直接接触，从而达到印刷的目的，所以称间接印刷或胶印。为一次性四色印刷，分别用 C、M、Y、K 四套版，通过四色的相叠印制出丰富的色彩变化效果。

优点是套色准确，色彩柔和、吸墨均匀、层次丰富，适合大批量印刷，特别适合精美画册、图片、书籍、包装等印刷。

（4）孔版印刷。也称丝网印刷，由油墨通过网孔进行印刷，使用的材料有尼龙丝网、聚酯丝网、绢布、不锈钢网及合成材料丝网、蜡纸等为印版，将图像与文字等部位镂空成细孔，非图像部位用印刷版材料保护，在印刷时将丝网版放置在承印物上并紧贴承印物，然后涂上油墨，用刮刀刮压使油墨透过网孔渗透到承印物上，经过晾、烘即得到印刷成品。

具有操作简便、油墨浓厚、色彩鲜艳的特点，适合各种印刷材料。但其速度慢、生产量低，彩色印刷表现困难，不适合大批量印刷，常用于广告牌、商标等印刷。

（5）柔性版印刷。柔性版印刷是使用柔性版，通过网纹传墨辊传递油墨施印的一种印刷方式。油墨转到印版（或印版滚筒）上的用量通过网纹传墨辊进行控制。印刷表面在旋转过程中与印刷材料接触，从而转印上图文。油墨分为三大类：水性油墨、醇溶性油墨和 UV 油墨。柔性版印刷属于凸印类型，其命名是因为它原来用于印刷表面非常不均匀的瓦楞纸板，需要印版表面与纸板保持接触，因此应该具有很好的柔性。

柔性版印刷机适印载体广泛且印刷品质已逐步与胶印、凹印靠拢，且随着柔印技术的推陈出新，使得柔印市场迅速增长。如使用高级的 UV 和 EB 油墨或使用数字反馈信息，就可以无需对包装进行涂布或覆膜，而且并不会影响包装的原始功效。

由于柔性版印刷所用油墨符合绿化环保，具有独特的灵活性、经济性、安全性，成为世界印刷业发展潮流。目前已广泛用于各类包装印刷品，如食品包装、烟包、医药包装、化妆品包装、商标、标签类印刷、不干胶印刷等。

（6）数码印刷。数码印刷是一种比较新型的印刷技术，它使用激光或发光二极管对印版或感光鼓进行蚀刻或电子成像，将数码化的图文信息直接从电脑进行印刷。印刷作业被制成电子文件，所有文件的传输都是通过高速远距离通信进行传递，将客户和印刷服务有机地连接起来。

数码印刷最大的特点是按需印刷。印刷服务商可根据最终用户对实际产品的数量和生产周期的要求，进行出版物和包装印刷产品的生产及分发过程，它涵盖了目前的短版印刷，并且有很好的灵活性和经济性。

数码印刷还具有有以下优点：快捷、灵活，可以一边印刷，一边改变每一页的图像或文字；周期短，无需菲林，自动化印前准备，印刷机直接提供打样，省去了传统的印版和装版定位、水墨平衡等一系列的传统印刷工艺过程。

3. 印刷品表面加工处理

包装印刷品除了通过各种印刷方式印刷相应的商品信息，有时还要对包装表面进行一些特殊的处理，使之达到更加完美的视觉效果（图 4-92 ~图 4-94）。

图 4-92 Castella 包装设计（设计：三原美奈子）

图 4-93 酒包装设计（设计：Cecilia Luvaro，Silvia Keil，Celia Grezzi，Valeria Aise）

图 4-94 酒包装设计（设计：John Blackburn，Roberta Oates）

（1）烫印。烫印的材料是电化铝，主要是以金色、银色为主，还有红、绿、蓝、黑多种。在包装设计时主要运用在品牌及所需要突出表现的形象上。按照包装要求将烫金的图文部分制成凸版，并安装上机，通过电热装置，加热电化铝薄膜，经过一定温度和压力使其烫印在印刷品上。多用在烟酒、食品及化妆品上。不仅适用于纸张，还可用于皮革、纺织品、木材等其他材料。

（2）轧凹凸。根据包装设计稿，把所需凹凸的图文部分制成凸版，再用石膏轧成阴模，把印刷品放在印版和机器平版之间加压印制，从而产生凹凸现象。这种工艺多用于包装设计中的品牌、商标、图案等主体部位。

（3）夹色。运用不同色彩的油墨在同一墨斗中排列相隔互不相混，经过接墨胶与行胶相互摩擦，在印刷过程中自然调和，中间过渡自然，产生色彩渐变效果。

（4）轧凹凸。根据包装设计稿，把所需凹凸的图文部分制成凸版，再用石膏轧成阴模，把印刷品放在印版和机器平版之间加压印制，从而产生凹凸现象。这种工艺多用于包装设计中的品牌、商标、图案等主体部位。

（5）荧光色。采用特殊油墨，银浆和油墨混合印刷而成。

（6）压印成型。当包装印刷品需要切成特殊的形状时，按图纸的要求制作木模，钢刀片顺木模边缘围绕并加固，然后将包装印刷品切割成型。

（7）浮雕印刷。在印刷后，将树脂粉末溶解在未干的油墨里，经过加热使印纹隆起、凸出立体感的特殊工艺，主要应用于高档礼品的包装设计。

（8）上光与上蜡。上光是将光亮油和光浆经调配，在上光机上上光，使物品表面形成光泽和光膜。上蜡是在包装纸上涂热熔蜡，使其色泽艳丽，同时具防潮、防油、保鲜等作用。

经济的全球化促使人们的物质、文化需求向多元化、个性化发展，必然促使印刷品向多样化、多品种、个性化、即时化发展。因此，当今世界对包装印刷的要求将变成：高效、高质、短周期、低成本、环保。综观未来全球印刷业，数字印刷和柔性版印刷将迅速增长，胶印、凹版印刷将逐渐下降。数字技术对传统印刷技术的改造将更为深刻全面，推动产业不断升级。

课题练习五：创意思维训练

内容：根据选题方向，拟定品牌，进行新理念包装设计。

要求：

（1）理念在先，大胆设想，抛开经济制约，重点在创新性、前瞻性。

（2）要素参照：可持续性、仿生与趣味、简约与无装饰、互动性、季节性、开启方式、色彩视觉、材料构成等。

（3）创意新颖、想象超前，有视觉亮点，手绘创意草图多张，交2张电脑彩色效果图，并附简短创意说明。

Annie Chun's
GOURMET
ASIAN SAUCES
SHIITAKE SOY GINGER
CHINESE STIR FRY
A Classic All Purpose Stir-Fry Sauce Great for Chow Mein & Broccoli Beef
TERIYAKI
KUNG PAO
THAI PEANUT
PAD THAI
KOREAN BARBEQUE
ALL NATURAL • NO PRESERVATIVES
NOODLE BOWL
KOREAN SWEET CHILI
GARLIC SCALLION
MEAL STARTERS
PAD THAI
POTSTICKERS
PORK & VEGETABLE
Unit 5

第五章　流程与策略

一、包装设计流程

包装设计流程是一个完整的过程，包括对商品问题的了解与分析以及解决方法的提出，也包括对问题的类比优化。在包装设计的整个过程中，设计参考的因素有：商品流通过程、商品本身与销售行为、社会整体利益的把握等。而产品设计前的市场调研和产品定位因素等都是非常重要的，决定一个包装设计优劣的先决条件。

（一）设计策划

设计策划的任务是收集关于包装设计主、客观因素的资料，继而对收集的资料进行整理、比较与分析，选择出最佳的设计形式。设计策划阶段是根据产品开发战略及市场情况，制定新产品开发或旧包装改进的动机与市场切入点，确定目标消费群体，了解竞争对手，并根据产品特点、消费需求和销售市场来制定包装设计的诉求点、销售方式、成本以及售价等。

包装是否有销售市场，是与产品内容、消费群和销售地点紧密相连的。包装设计最终是要赢得消费者的满意，应对社会和市场进行详尽的调查研究。市场调研从产品、包装、消费者需求和销售市场、竞争者、品牌和销售策略出发，以求设计出一个完整的、合乎市场销售原则和消费者需求的产品设计方案（图 5-1、图 5-2）。

图 5-1　酒包装设计（设计：Gerard Galdini，Francois Takoumseun）

包装内部结构设计具有极佳的展示效果，金碧辉煌的色调显示出商品的尊贵身份

图 5-2　乳酸饮料包装设计（设计：大城久幸）

仿佛灯罩一样的别出心裁的乳酸饮料包装造型设计，图形和色彩时尚亮丽，抓住了年轻人的消费心理，在同类商品中脱颖而出

市场调查包括消费者调查、产品调查。

1. 消费者调查

消费者调查的项目有：主要消费者年龄、性别、职业、民族国籍、收入、教育程度、居所、购买力、社会地位、家庭结构、购买习惯、品牌忠诚度等，可按需要选择相应的调查项目。

2. 产品调查

可根据设计项目进行同类商品的比较分析，其内容是：①产品名和品牌名；②产品的品质、形态；③产品的历史、产地；④产品厂家基本情况；⑤产品所用的原材料及其特性；⑥产品外观造型；⑦产品的色彩；⑧产品生产工艺；⑨产品的用途及使用方法；⑩产品档次；⑪产品竞争对手的情况；⑫产品销售地；⑬产品销售方式；⑭产品广告策略；⑮产品原包装情况（包装内容物的形态、容量、色泽、材质、用途、用法、档次、价格、商品标志、包装工艺等）。

3. 调查方法

直接调查：访谈法、开调查会等。

间接调查：销售人员提供信息、制订调查问卷抽样调查等。

4. 商品包装设计调研报告

在同类商品中选择 5 ~ 10 个商品包装进行对比性分析，以了解自己与竞争对手的情况，并给出详细的报告（表 5–1），实物资料可提供摄影照片或彩色速写。

表 5–1　　商品包装设计调研报告

商品实物摄影或效果图					
品牌名称					
商品名称					
内装数量					
销售点					
产品定位					
消费者定位					
包装材料说明					
造型结构特征					
包装的平面设计说明					
设计风格分析					
综合评价（优势或存在的问题）					
调查总结					

（二）设计定位

“定位设计”一词由英文 Position Design 直译而来。是在 1969 年 6 月由美国著名营销专家艾・里斯和杰克・特劳特提出的定位理论“把商品定位在未来潜在顾客的心中”而得来的。20 世纪 80 年代初引入我国。

包装设计定位是设计师通过市场调查，获得各种有关商品信息后，反复研究推敲，正确把握消费者对产品与包装需求的基础上，确定设计的信息表现与形象表现的一种设计策略。

企业通过对某些产品的开发与宣传，希望在预期买主心中占有一席之地，包装设计所要完成的就是将信息诉求与消费者的需求之间提供一个交流的平台，要针对顾客意识中心领域作最佳视觉诉求。

作为包装设计师，要赋予包装新的设计理念，就需要了解社会、了解企业、了解商品、了解消费者，然后才能作出准确的设计定位。

现代包装的设计定位可分为品牌定位、产品定位、消费者定位和综合性定位。

1. 品牌定位——我是谁

品牌定位一般着重于产品的品牌信息、品牌形象、品牌色彩的表现，主要应用于品牌知名度较高的产品包装上，它是向消费者表明“我是谁”，“我代表的是什么企业、什么品牌”。在包装设计的平面上，主要突出商品的标志或企业标志、品牌名称（图 5-3、图 5-4）。如“可口可乐”、“百事可乐”、“三五牌香烟”、“雀巢咖啡”、“万宝路”、“立顿”，等等。

图 5-3 立顿茶包装设计（设计：添田幸史）

图 5-4 啤酒包装设计

2. 产品定位——是什么产品

产品定位是在包装上标明“卖的是什么产品”，是新型产品还是传统产品，有什么特色，等等；使得消费者通过包装上的图形、文字、色彩和编排等了解产品的属性、用途、特征和档次等。

图 5-5 “里斯特尔”气泡葡萄酒系列包装设计（设计：PULP）

该包装的瓶口采用不同色彩的雾面金属质感来呼应每款酒的口味，并传递出该饮品的果味特点，图形传递出气泡特色

（1）产品特色定位：以产品所具有的特色，来创造一个独特的推销理由，把与同类产品相比较而得出的差别即产品特色作为设计的突破点。例如，牛奶包装突出表现“脱脂的”，饼干是“无糖的”，农产品是“有机”的，农夫山泉重点宣传“农夫山泉有点甜”，等等（图 5-5）。

（2）产品功能定位：强调产品不一般的功效和作用，并在包装上重点展示给消费者，使其与同类产品拉开距离，让消费者在消费这种商品时能获得生理和心理的满足，如保健品等（图 5-6）。

（3）产地定位：突出比较有特色的产地，以示产品的特质与正宗。强调原材料由于产地不同而产生的品质差异，突出产地成了一种品质的保证。多用于旅游纪念品、土特产、香烟、茶叶、巧克力、酒类（如伏特加、葡萄酒）等（图 5-7）。

图 5-6 调味品包装设计

通过图形和文字强调每种调味料不同的风味和功能

图 5-7 麻油包装设计（设计：Benihana Foods Co., Ltd）

（4）纪念性定位：产品包装为着重表现某种庆典活动、特殊节日、旅游活动、大型文化体育活动等进行的纪念性设计（图 5-8）。

（5）产品档次定位：根据营销策略的不同及用途上的区别，每一类产品都有档次上的不同，在包装设计上应准确地体现出产品的档次，做到商品与包装表里如一（图 5-9）。

图 5-8 泰迪熊礼品包装设计

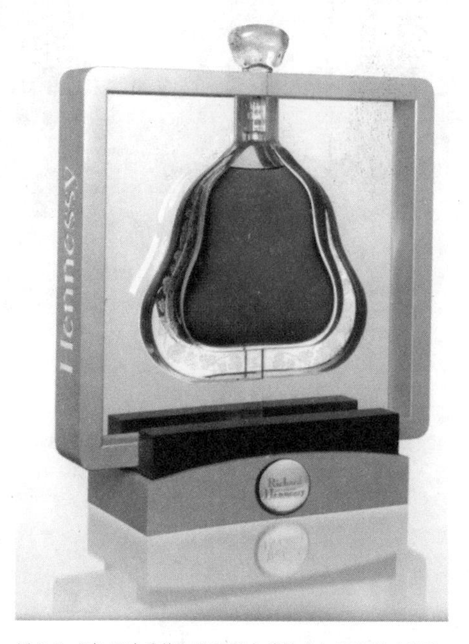

图 5-9 “轩尼诗香槟”限量版上锁礼盒包装设计（设计：Qsld Paris）

该设计以巴卡拉水晶制作，置于金属框透明塑料箱中，只有特定的使用人才有权利打开，充分展现了产品的尊贵与荣耀，满足了这类消费者的奢华心理，属于高档次定位

3. 消费者定位——卖给谁

消费者定位是在包装上标明产品“卖给谁”的信息，明确是为谁生产的，销售给谁的，属于什么阶层、群体，是针对国内市场还是国外市场等等；包装设计要考虑目标消费者的生理、心理特点，在设计中表现出产品的特性，根据国家、民族、地域的不同，结合其风俗习惯、民族特色和喜好，进行针对性设计。

（1）以消费对象的年龄、性别特征进行定位（图 5-10、图 5-11）。从消费者的年龄特征可分为婴儿、儿童、少年、青年、中年和老年等，每个阶段的消费者，在定位时也应该有所区分。比如，婴儿用品的包装多采用高纯度、明度、鲜艳和浓烈的色彩吸引其注意；儿童用品的包装则突出商品的趣味性和知识性；中老年包装实用、美观、大方。

（2）以消费对象的阶层进行定位（图 5-12）。不同文化水平、不同层次的消费者有着不同的消费理念和消费方式。设计师应该考虑到各个阶层的人群的不同需求，不论是高层

图 5-10 食品包装设计

缤纷多彩的颜色和趣味性十足的图形，使整个包装都充满了童趣

图 5-11 口红包装设计（设计：Design kontoret Silver KB）

高跟鞋、玫瑰花、口红印等图形以及鲜艳的色彩，代表了典型的女性特征

图 5-12 餐具包装设计（设计：Stephane Monnet）

次的需求、低层次的需求，还是中间层次的需求状态等，根据消费者的心理进行包装，完成整个设计。

（3）以消费的个体需求进行定位（图 5-13、图 5-14）。消费者个体需求，主要是指不同的生活方式、不同个性、不同民族和不同爱好导致消费者的需求有所不同。在全球化日益明显的今天，以消费者个性需求进行定位，不但能适合某一文化阶层的消费者，而且能满足对包装风格有着特殊要求的消费者的需求。

图 5-13 李记食品包装（设计：桥设计公司）

以人物卡通形象诠释吃方便面的感觉，饶有趣味

（4）以消费者的特色喜好进行定位。很大一部分消费者有自己独特的包装感受，在进行市场选择时，完全按照自己的思维进行消费。此类型的消费者以年轻人为主，他们要求设计独特、时尚、个性和创意等，是一个十分具有潜力的消费群体。（图 5-15 ~ 图 5-17）。

4. 综合定位设计

根据产品和市场的具体情况，对于设计的定

图 5-14 巧克力包装设计

运用卡通图形，结合幽默的编排，满足了目标消费群的个性需求

图 5-15 食品包装设计（设计：Sato Rutsuko）

囧态的表情让人忍俊不禁

图 5-16 “丽歌菲雅香槟”节庆小瓶包装设计（设计：Qald Paris）

此设计是 QSLD 设计公司为“丽歌菲雅香槟”的四分之一小瓶装香槟，该设计的把手装饰使这款产品方便携带。同时，铁桶包装，配以特别的设计主题和革新技术，加上高贵的原创材质，显示了区别于其他礼盒的品质

图 5-17 龙舌兰酒系列包装设计（设计：Mabel Morales,Carmen Rodriguez，Francisco De La Vega）

该包装瓶是厚厚的模压黑色塑料容器，外表粗犷，颇受年轻消费群体的欢迎

位有时会采用多种定位相结合的形式，如品牌与产品定位、品牌与消费者定位结合、产品与消费者定位相结合、品牌 + 产品 + 消费者定位相结合。

（三）设计构思

在设计定位确定后，设计师要对整个设计的意图进行一番构想。通过市场调查，了解了所要包装商品的性能特点、生产过程、品牌涵义、受众市场、竞争对手等要素后，设计师确定设计定位，并对商品的包装进行全面的设计构思。

设计构思，即设计创意，是整个设计流程灵魂的阶段性设计。设计小组要尽可能地发挥出自己的设计优势，尽可能多地提出设想方向、方案等，通过概念草图、详细画稿，提出可供选择的 3 ~ 5 个方案，最后选出一个最佳方案，在不断修改和完善的基础上，完成整个设计构思过程。

（四）设计操作

一个包装在完成设计构思后，接下来的就是属于产品的开发和设计操作阶段。

1. 设计构思具体化

通过电脑软件，运用各个元素的组合和定位构思，设计出接近实际效果的方案（包装平面展开设计图和电脑立体效果图）

2. 设计方案稿提案

初步的设计提案表现出主要的展示效果即可，并根据产品的开发、销售、策划等依据，筛选出理想的方案类型，并提出具体的修改办法。

3. 设计方案的定案

对最终筛选出来的方案进行展示性设计，并制作成实际尺寸的彩色立体效果。经过完善的立体效果继续向设计策划部进行提案，挑选和舍弃备选方案，定案。

4. 模型和样品制作

选择材料和工具进行模型和样品制作。

5. 样品验证

将设计的产品进行小规模的生产，并投放进市场，然后委托市场调查部门进行消费者试用、试销、市场调查，并通过反馈情况最终决定投入的产品包装图案。

（五）设计测试

将包装的成型实物放置在卖场等真实环境中，使其接受真正的市场考验。通过视觉测试、距离测试、品牌印象测试、联想测试等各种测试数据的搜集比对，检验该包装方案是否能够达成最初的包装策划目标，在竞争环境中是否具有优势，如存在较多负面印象，必须认真检讨设计方案，并重新进行设计方案的探索。

二、包装设计策略

企业根据对目标市场的需要和条件，在设计项目所牵涉的产品营销规划、产品分析、定位、营销等全面了解的基础上制定相应的包装策略，将直接影响包装设计的方向，是包装设计创意过程最主要的依据。企业通常根据不同的市场营销因素而采取相应的包装设计策略。

（一）系列包装设计策略

系列包装又称家族包装，是指企业对所生产的同种类的产品，采用统一的视觉特征进行规范设计，使造型各异、用途不一却又相互关联的产品形成一种统一的视觉形象（图 5-18 ~ 图 5-21）。特别是在推出新产品时，可以利用企业的声誉，使顾客直接从其包装上辨认出商品品牌，迅速打开商品的消费市场。

1. 系列包装的表现形式

（1）同种商品，不同规格的系列化。

（2）同种商品，不同成分的系列化。

（3）同类商品，包装造型不同的系列化。

图 5-18 酱料系列包装设计

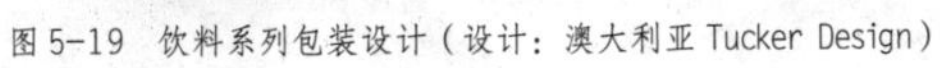
图 5-19 饮料系列包装设计（设计：澳大利亚 Tucker Design）

图 5-20 食品系列包装设计

（4）同类商品造型统一，色彩不同的系列化。

（5）同类商品，用途不同的系列化。

（6）同类产品，色调、文字、品名、造型不变，只有图形和位置变化的系列化。

2. 系列包装策略的作用

（1）降低包装的成本，宣传品牌，强化企业形象，提高企业的知名度。

（2）提高顾客信任感，有利于产品迅速打开销路。

（3）提高设计和制作效率，节省宣传开支。

（4）具有良好的陈列效果和整体性。

图 5-21 饮料系列包装设计（设计：小野大作）

图 5-22 日用品礼品套装

来自草药配方的肥皂等日用品礼品套装包装设计，各种配方一应俱全，全面满足身体护理的需要

（二）配套包装设计策略

企业将相关联的同类产品合成一组，配齐成套进行包装销售。配套包装的对象可以是一起生产、一起陈列、一起销售、一起使用的成套形式，如成套的化妆品、餐具、调味品等。也可按一定规则配套，例如在包装内随附赠品，或促使一些相关产品发挥协同工作的作用，如酒和酒具、茶和茶具等。

配套包装策略应将各个包装赋予共同的特征而形成一套，互相之间产生协调感、整体感。或将几个包装拼在一起以后才能构成完整的纹样，以引起人们成套购买的心理（图 5-22 ~ 图 5-24）。

图 5-23 食品包装设计（设计：Tim Lapetino，Jim Dygas）

星巴克提供的乳品包装礼盒

图 5-24 洗浴用品包装设计（设计：山下百合子）

图 5-25 啤酒组合包装设计

这款包装是 Sylvain Allard 教授的课程作业，学生用不同的动物造型来表达产品的特色，如果出现凶猛的动物，则代表该啤酒对身体的伤害是很大的

配套包装策略有利于消费者的方便使用以及作为礼品馈赠，有利于带动多种产品的销售，提高产品的档次和价格。

（三）组合包装设计策略

组合包装是相对于单件包装来说的，单件包装也称基本包装，是指与产品直接接触的包装。组合包装策略是企业将几种同类或不同类的产品组合装在一起的包装（图 5-25 ~ 图 5-27）。它能使各种商品组合集中，便于消费者一次购买多

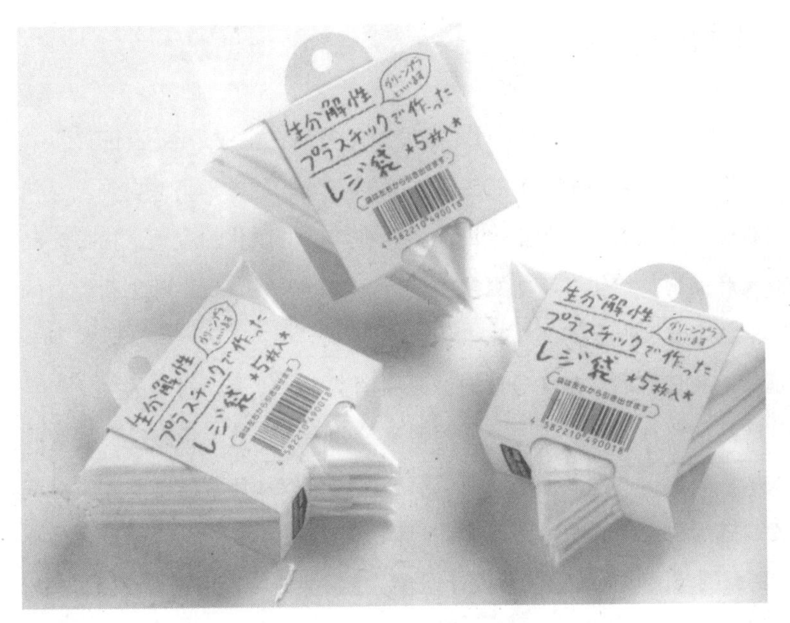

图 5-26 购物袋（设计：生源寺宽幸）

生物分解性材料制作的购物袋，5 个成一组包装，便于商品陈列和加贴价格标签

图 5-27 香蕉组合包装设计（设计：爱珀科斯公司）

该组合包装将五种产品包裹在一起，形成一个五边形的圆柱体，摊开可以进行展示，套上一副腰带可以形成整体

种商品，也便于商品陈列和加贴价格标签。

组合包装策略的目的在于促进消费者对商品进行“汇总购买”以增加销售量，目前主要用于清凉饮料、酸乳酪、啤酒、罐头食品之类的组合包装。礼品酒一般为两瓶或四瓶装，而罐装啤酒采用 8、10、12 罐一组的组合包装。

（四）等级包装设计策略

由于消费者的年龄、经济收入、文化程度、消费习惯、审美观念等存在差异，对包装的需求心理也各不相同。一般来说，收入高、文化程度高的消费层，比较注重包装设计的品位和个性化；而低收入人群则更偏好经济、实惠、便利的包装设计。

因此，针对不同层次的消费群体，企业对同一商品制定高、中、低档等不同等级的包装策略，使包装的规格、材质、印刷、设计风格等与产品的质量和价值相称，以争取不同层次的目标消费群（图 5-28、图 5-29）。

等级包装策略能显示出产品的特点，易于形成系列化产品，便于消费者选择和购买，其包装设计成本相对较高。

图 5-28 香水包装设计（设计：Sylvie de France）

该香水包装在瓶颈处像打了一个生动的蝴蝶结，又似双手相握，使整个容器鲜活起来。瓶盖看似一个圆盘，外形非常可爱，圆形的线条赋予瓶子鲜亮、透明的质感。瓶盖上规整的品牌名称与瓶身上的手写体形成对比，整个包装显示出雍容华贵的气质

图 5-29 “Acerola” 系列饮料包装设计

三、包装设计创新

据美国工业设计协会对企业的调查统计表明，每投入 1 美元在企业产品设计开发中，就能创造 2500 美元的销售收入。美国每年有 20% 左右的零售增长的拉动力来自产品、包装的设计创新。设计创新是一个投资少、效益大的途径，在产品同质化的今天，抓好产品和包装的设计创新是提高产品附加价值和市场竞争力的强有力的手段，设计师创新能力的充分发挥更是设计进步和经济增长的源泉。

现代包装设计的创新，将使产品增加竞争能力，吸引消费者，提高消费者的生活水平和质量，也为企业提升产品形象，提高竞争力，从而带来更大经济利益。包装设计创意的体现是多方面的，可以从包装材料、包装形态、包装结构，也可以从包装品牌字体、包装图形、包装色彩、包装编排等视觉平面设计的具体环节体现创意。包装的设计创新之路不仅要直接与市场接轨，更需要与国际接轨，超前设计理念，突破常规才能引领设计新导向。

包装设计创造性思维的开拓可从以下几方面进行：

（一）树立意识，更新设计理念

树立意识，更新设计理念，是设计创新的先决条件。包装设计的创新之路不仅要直接与市场接轨，更需要与国际接轨，树立环保意识、人性化意识，超前设计理念，突破常规才能引领设计新导向（图 5-30 ~ 图 5-32）。

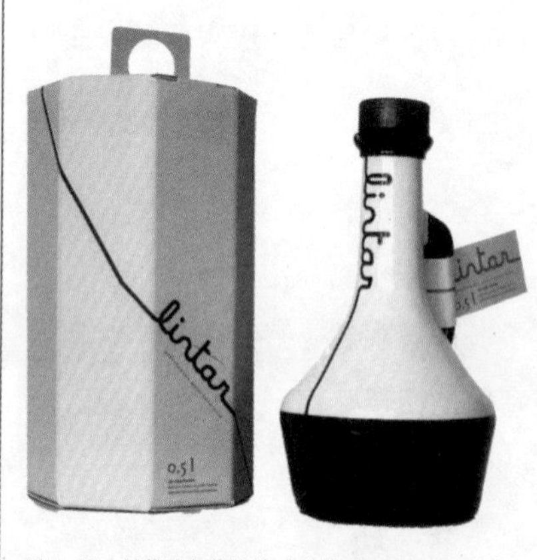

图 5-30 橄榄油包装设计（设计：Izvorka Juric）
环保的质材、无装饰的设计风格以及提手的人性化设计是该包装的创新之处

一个企业的生存与发展，决定因素是消费者对其产品的满意度。为了使产品或包装得到消费者的钟爱，设计者理应具备洞察社会与环境整体的广阔视野和社会责任感，具备丰富的想象力和创造力，同时体会他人心目中的感受及心理需求，用高科技、人性化的设计拉近消费者与产品、产品与自然的距离，才能设计出实用的、环保的、人性化的、交互的、贴近消费者的包装设计。

图 5-31 乳制品系列包装设计（设计：Yair Golan）
溢出来的乳浆造型设计是该系列包装的最大亮点

图 5-32 米浆包装设计（设计机构：Student Project）
以木和麻绳制作的提手可将 4 个米浆瓶组合包装在一起，易于拿取、展示和售卖，实用兼环保

（二）求异发散，挑战常规思维

随着信息时代的到来，商品竞争的加剧，人们的消费方式、价值取向都发生了多元的变化，对个性化商品的需求日益增长，包装的设计形式必须随时代变化产生新的视觉形象与视觉语言，因此，以全新的形式来体现现代包装就变得十分重要（图 5-33 ~ 图 5-35）。

图 5-33 香水包装设计（设计：Kareem Baqai）

香水瓶的设计仿佛披着节日盛装的幸运女孩，又似一棵圣诞树，树枝、雪花、天使、心形等图形以及鲜艳丰富的色彩营造出甜蜜快乐的节日气氛

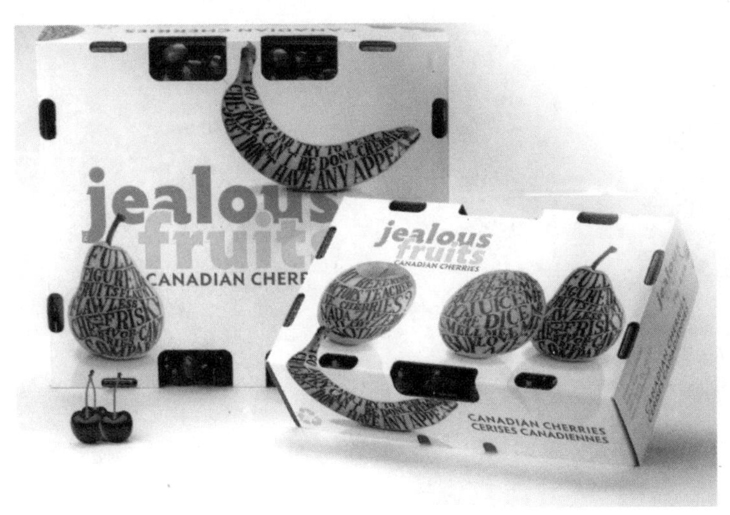

图 5-34 水果包装设计（设计：Bernie Haddley-Beauregard，Laurie Millotte，Sarah King）

突破常规单调的水果包装设计，用图形说话，丰富了产品的内涵

图 5-35 香水包装设计

在了解市场情况和产品准确定位的基础上大胆追求包装形式的突破和创新，强调对造型结构以及平面设计的丰富性、复杂性和求异性的要求，使思维突破纵向或横向的平面思维，向三维立体与多维的空间发散。

（三）追求科技，革新材料工艺

设计与技术、材料从来都是相辅相成的，积极采用新技术、新工艺，运用新型材料或重组现有材料能为包装造型提供更为广阔的设计天地。信息时代，材料科学和印刷工艺发展迅速，一个面向未来的包装设计师，必须及时掌握它的变化，熟练运用它的优越性能。例如包装材质的革命，一方面是对自然材料、可降解生态材料的开拓应用，另一方面，还可大量采用科技含量高的新型复合材料，来构筑包装的新形象，使艺术语言更加丰富。此外，抛开常规的思维定势，用此材料代替彼材料，是否又有一番新面貌出现呢?

作为新时代的设计师应熟悉各种包装材料的固有性能和特征，面对司空见惯的材料，可以将其打破重组，使之成为新材料，产生新精神，运用在包装设计上，产生新的包装语境（图 5-36 ~图 5-39）。

图 5-36 罐装咖啡包装设计（设计：饭岛令子）

图 5-37 化妆品包装设计

金属质材的创新应用，使该套化妆品更显精致华贵

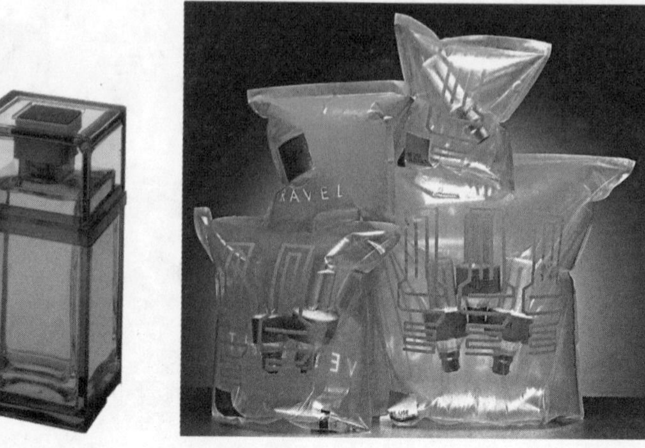

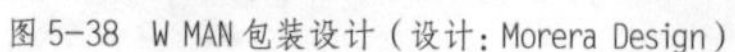

图 5-38 W MAN 包装设计（设计：Morera Design）

图 5-39 灯泡包装设计

（四）比较借鉴，开拓设计思路

创造性并不是与生俱来的，没有知识的积累，没有开阔的眼界，创造之源自然枯竭。所谓创新也不是凭空的异想天开，而是建立在对传统或他人经验的学习借鉴基础上的，所谓站在巨人的肩膀上，才能让我们有更高远的眼光和审美品位。

在杜绝拿来、照搬，在全方位地了解、学习、发展本国传统文化精华的同时，有目的有选择地比较和吸收国外先进的设计理念、国际审美时尚，借鉴先进的科技手段和设计经验，遵从中西合璧以中为主，源流结合以源为主的原则，开拓设计思路，注重创造力和独特性的发挥，这样我们的设计才有可能超越传统，超越他人，走向世界（图 5-40 ~ 图 5-42）。

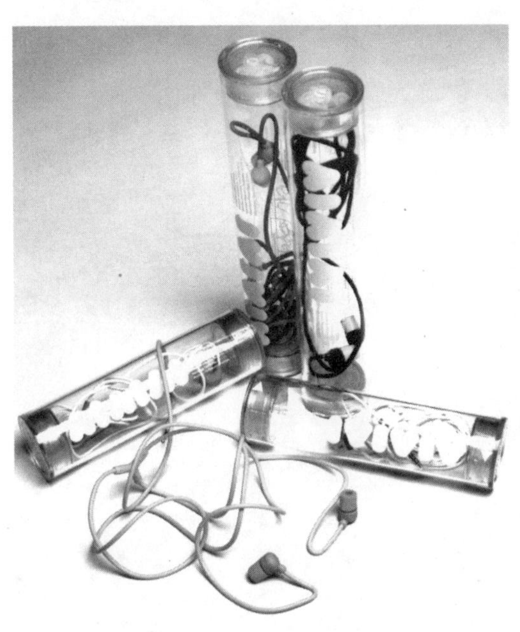

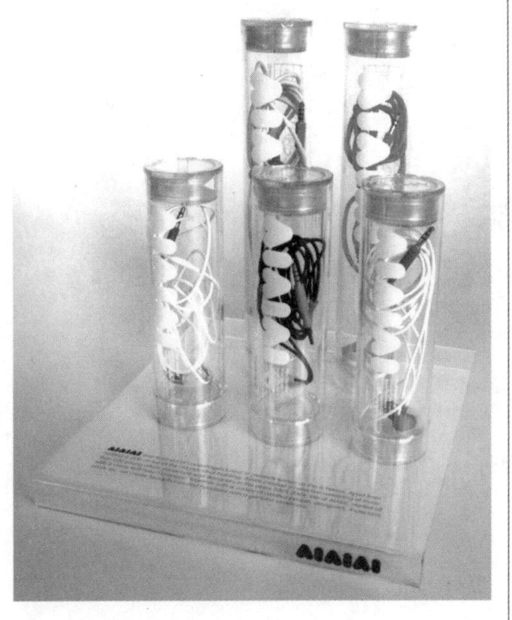

图 5-40 耳机包装设计（设计：AIAIAI）

色彩斑斓的耳机包装在透明质材里，且与和品牌标识完美结合，使整个设计充满线条感和空间感

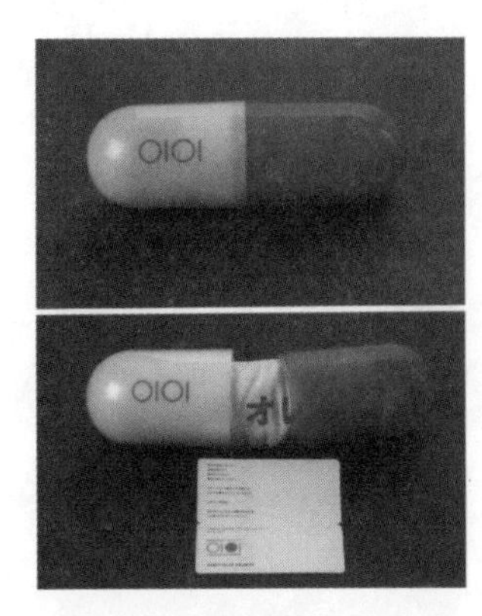

图 5-41 OIOI 服装包装设计（设计：Yusuke kitani）

借鉴医用胶囊的形式创新设计的服装包装，寻求二者之间一种新的视觉联系，创造出新的包装方式

图 5-42 饼干包装设计（设计：Meg Gleason）

这套饼干包装盒以一种趣味环保的设计风格为定位目标，并且合理地运用了纸张的性能。在使用后，可以重新解构变扁、重复使用。包装材料成本低廉，即便不能再重复使用，材料也容易回收

课题练习六：商品包装设计市场调研

1. 思考题

（1）包装设计的定位可从哪些方面入手？

（2）现代包装设计策略主要有哪些？

2. 包装设计市场调研报告

确定选题，进行市场调查和资料收集，并进行分析总结，完成调研报告和设计策划书。

要求：不少于2000字，图文结合，最后做成PPT演示。

Unit 6

第六章 文化与传承

包装设计师在为人类创造物质产品的同时，更重要的是从事一种精神活动。包装不仅创造了附加值，更重要的是产生一种文化的感染力和震撼力，提高消费者对商品品牌形象了解的同时更进一步地认知生产的国度、区域、传统文化、企业文化、审美特征、哲学思考、消费心理等全方位的认知，包装既是产品的营销工具，也是企业的窗口，甚至代表着国家形象，传递着更多、更高的文化信息。

一、包装设计的文化特征

（一）文化的概念

关于文化的概念，英国人类学家泰勒下了一个经典性的定义："文化是复合的整体，它包含知识、信仰、艺术、道德、法律、习俗和个人作为社会成员所必需的其他能力及习惯。"文化是群体经历中产生的代代相传的共同的思维与信仰方式，是人类社会历史实践过程中所创造的物质文明与精神文明的总和，包含着生产、创造、教化和交流等具体历史性观念化或物质化内涵。

（二）包装设计的文化内涵

随着人民生活水平的改善，在追求物质满足的同时也渴望追求精神上的满足，即需要一种具有文化品位的包装，它能够促使消费者产生一种情感上的共鸣。包装设计过程中涉及商业、社会、民俗、审美、生产等诸多领域，充分体现了包装的综合文化性。

1. 民族文化

民族文化是在一定的历史时期产生和发展起来的具有本民族特点的文化。不同的民族、不同地域有着各自不同的语言、习惯、道德、思维、生活习俗，经过相当长的历史发展阶段，逐渐形成了精彩纷呈的各具特色的文化风格和艺术样式。

包装设计的民族性反映了整个民族的心理共性。不同的民族和环境造成了不同的文化观念，直接或间接地表现在自己的设计活动和产品中。如德国的包装设计受其严谨的哲学思维方式影响富于科学性、逻辑性和理性的造型风格；法国的包装设计体现出融设计与艺术精神于一体的特色；英国的包装设计崇尚传统，喜用成熟老到的复色；意大利的包装设计充满优雅与浪漫情调；北欧的包装设计喜欢偏冷或偏灰的色调，其包装呈现出自然、简洁、高雅的格调；日本的包装设计清新、空灵、轻便，融汇了大量的日本传统视觉元素；美国的包装设计以商业化、实用主义为原则，借助简单的线条，营造出具有强烈冲击力度的视觉符号，而独特的美国插画的融入，彰显出美国文化中多元的、大众的、娱乐的和市场的特征等（图6-1 ~图6-8）。

图 6-1　德国利芙·奥克酿造公司啤酒包装（设计：David Kampa）

用独一无二的波西米亚风格手绘字体作为背景，来表达用不同的形态产品对利芙·奥克酿造公司品牌文化的诠释

图 6-2　饮料包装设计（设计：德国 Estudio Graghik）

图 6-3　英国花卉盒（设计：James Strange）

这个天然木制的花卉盒的灵感来自于绚丽的英国花园，木盒上雕刻的古色古香的插图都是手工着色、描绘了一幅百花争艳的美丽景象

图 6-4　意大利佳味糖汁包装设计（设计：Dan Franklin）

佳味糖汁是意大利宴席和庆祝会上的传统食品。手绘设计的形式表达出一副午后休闲的怡然景象，水彩式的画感给人一种宁静的感觉

图 6-5　芬兰餐具包装，阿尔托大学设计学院设计展示中心

芬兰设计师的灵感直接源于大自然，同时以强烈的社会责任感、创新的技术不断挑战设计领域，尝试着改变人们的生活方式

图 6-6　美国饮料包装（设计：周智诚）

产品原料以逼真的插图形式表现，不同原料的产品用不同的色彩来区分，品牌标识鲜明，实用、简洁

图 6-7　日本米饼包装设计（设计：秦智子）

图 6-8　酒包装设计

运用了土著印第安人的符号，加上浮雕图案和铜色的烙印，以及用铆钉固定的风华金属，营造出一种古都墨西哥的氛围

再如中国的包装设计风格则追求欢喜、平稳、圆满、幸福、寓意和形式上的完整性、对称性，也正是我国人民崇尚礼节和中庸平和、相对保守的民族特征的体现。在传统产品

图6-9 中国“女儿红”酒包装（设计：王勇）
女儿红酒是著名的绍兴黄酒，中国晋代上虞人稽含《南方草木状》记载：“女儿酒为旧时富家生女、嫁女必备物”。此包装采用传统的“箱柜”作为外包装造型，装饰表示嫁娶的纹样，内包装采用陶瓷瓶，并配上红色盖头。整个造型像一件精美的嫁妆，高贵、气派，整体色调以红、黄为主，烘托出婚嫁迎娶的喜庆气氛，体现出“女儿红”的酒文化内涵

包装上，运用具有民族特色的吉祥图案已相当普遍，如富贵满堂、连年有余、三羊开泰、松鹤延年等，都是深受广大群众所喜爱的吉祥图案，表达了人们对美好生活的追求和祈望（图6-9）。

文化影响意识，意识决定观念，人们在不同文化的影响下，使自己的设计观念、思维方式和实践成果，都打上了民族性的烙印。

2. 审美文化

审美文化是强调以人们的主体精神体验和情感享受为主导的社会情感文化。随着经济的发展，人们的审美水准以及对审美的心理需求也不断扩大，人们不再满足于简单的功能需求，而且十分讲究商品包装的审美情趣、情感价值等商品的附加价值。

现代包装在销售过程中，不仅传递给消费者的是商品的信息，往往还伴随着视觉传达所产生的一定的心理感受，或精致、典雅，或高贵、奢华，或质朴、实用等。这种心理反应的是各种包装设计要素在消费者印象中的综合反映，如形式美、材质美、工艺美、色彩美、装饰美（图6-10～图6-12）等。

图6-10 酒包装
稳重的容器造型设计，晶莹剔透的质材，结合品牌历史，给顾客带来尊贵、华丽的审美感受

图6-11 麦兹考·艾维拉（Mezcal Avila）包装（设计：Luis Fitch）
整个包装尽可能地使用天然再生的材料，瓶身采用天然再生的龙舌兰纤维绳缠绕制作，标签是用廉价的再生纸单色印刷，十分质朴和环保

图6-12 夏雷乳酪包装设计
使用干酪成熟不可或缺的栗子叶作为包装材料，配以勋章般庄严的产品标签，如葡萄酒的标识一般象征了法国高质量的地方特产。而不同的色彩，则是告诉消费者此产品的乳品来源地

消费者在购买或使用产品的过程中，其实也完成了一次完整的审美活动。而这一活动过程几乎是每一位消费者在挑选商品时所必须经历的。在包装设计中注重审美文化特性的体现，就是与消费者进行情感交流的最好沟通。

3. 社会文化

社会文化涵盖了社会科学、社会审美、礼仪文化、社会道德、社会观念等多方面内容。现代包装设计是以产品包装为主体，在满足人类物质需求的同时，达到精神需求为目的的综合性社会学科，因此，它与社会文化有着必然的联系（图6-13、

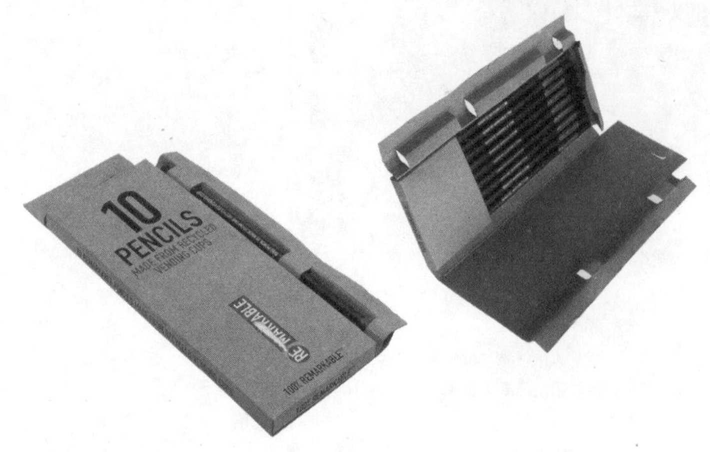

图6-13 非凡公司铅笔包装（设计：佛罗斯特设计公司）
此包装选用可回收利用的纸材一纸成型，不需要用胶粘剂，除整体包装外，还可额外看到一支展示用的铅笔，有效地突出了产品形式上的重心

图 6-14）。如社会科学、社会观念、社会道德等方面，对社会经济生活产生着促进作用。人与人之间的社会交往产生的礼仪文化，要求现代包装设计考虑到馈赠功能的体现；社会的道德约束，引导现代包装设计担负起营造良好有序的经济秩序的责任；社会的责任心，又要求现代包装设计考虑到环境保护和社会可持续发展的需要。总之，社会问题的存在和产生对现代包装设计文化有着深远的影响。同时，也要求包装设计人员有更好的社会责任感。

图 6-14 CD 盒（设计：Christof Steinmann，瑞士）
这是一个用特殊材料制作的可存放 CD 的盒子，CD 的标签部分很容易被识别，方便人们翻阅和查找，充分发挥了此盒的易识别性

4. 流行文化

不同阶层文化的背景，不同的年龄、职业和地区的消费群体随着时代的变化，消费观念都会产生变化，这种变化所产生的新的消费文化形态，对于所针对的消费群体而言就是流行性。每一个时期的设计文化和流行文化都具有自己独特的观念体系。现代包装设计作为流行文化的一个重要载体，自然体现出流行文化的特点，这也是与目标消费群体形成默契的情感交流的重要手段。对于包装设计师来说，要把握时代的信息，掌握时尚流行文化的动态，并注意国际设计新趋势，及时吸收时尚带来的清新空气，并能在包装中加以体现（图 6-15、图 6-16）。要善于推陈出新，勇于突破，引领时尚。

图 6-15 夏奈尔 5 号
“夏奈尔 5 号”（Chanel No. 5, 1921）是世界最著名的香水品牌之一，诞生于 1921 年，至今仍畅销不衰。她成功的原因，除了其浓郁的花醛香型外，也跟她当时一反传统而与时代精神和流行文化相吻合的瓶型设计有关。20 世纪 20 年代正是现代主义设计运动的萌芽期，现代主义的核心是功能主义和理性主义，在设计形式上反对袭用传统样式和附加装饰，主张创造新的造型形式。夏奈尔 5 号香水的瓶型设计引领了这一时代潮流：长方形瓶盖磨成祖母绿状，标签是白底黑字，无任何花饰，整个设计生动反映了现代人的精神——简单、抽象、纯净、有效。其产品定位在高级社交界晚会女用香水。自 1921 年推出后，立即首领巴黎香水界，成为世界第一号香水品牌

图 6-16 法国依云天然矿泉水包装
法国依云天然矿泉水包装，修长的瓶身给人一种优雅高贵的感觉，鲜艳彩色的条纹镶嵌在晶莹剔透的依云玻璃瓶身上，映衬出来自阿尔卑斯山天然矿泉水的纯净自然，更彰显出依云所倡导的“Live Young”全新生活理念。依云擅长将时尚元素融入到每款设计瓶中，每一款限量版纪念瓶都因创意新颖而备受全球收藏者的青睐

5. 外来文化

外来文化是指来自本民族之外的价值观念和思维体系。文化交流也就是人类创造的一切物质文明和精神文明产品的总合交换。随着国际交流的日益频繁，商品要跨国度、跨地域，经济全球化带来了对外贸易量的加大，交流频繁，就更需包装设计师对他国文化特质的了解，无论图形还是文字都要在一定程度上阐释产品品质以及文化背景、材料特质及性能（图 6-17、图 6-18）。

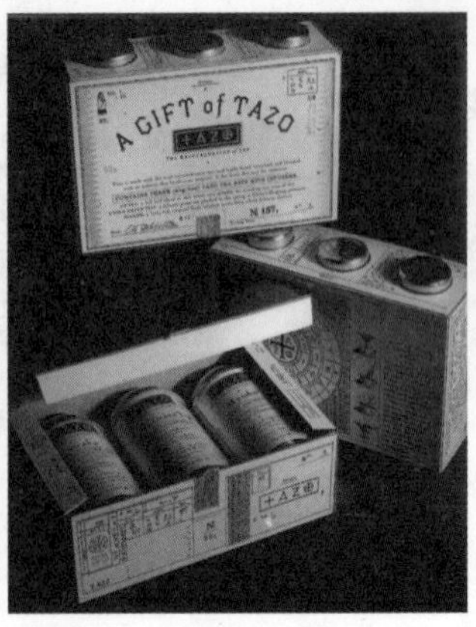

图 6-17　泰舒茶包装设计（设计：史提夫·史密斯）

泰舒茶是 20 世纪 90 年代美国咖啡热中出现的一个反传统的品牌。设计师将泰舒古老的形象通过视觉形式呈现出来，并且广泛的运用于这个系列的每个产品。Tazo 其意是“生命之河”，在印度语里意思是“新鲜”。4 个仿佛炼金术符号的古老文字组成了整个标志。每种口味使用不同的标志色，整体呈现浓郁的印度或远东气息。包装盒、袋上有关于茶起源的神秘故事，还有生活小知识。该产品上市短短 19 个月取得成功，成为美国第一大天然食品品牌

图 6-18　TOBLERONE 瑞士三角朱古力礼盒包装（设计：陈幼坚）

瑞士三角这个名字来源于品牌的拥有者，巧克力世家“Tobler”家族的姓和单词“Torrone”的合成，“Torrone”是意大利语奶油果仁糖（即牛轧糖）的意思。TOBLERONE 巧克力的最大卖点，是百年来始终如一的三角形包装，已行销世界 100 多个国家

二、包装设计的民族性与现代性

包装的产生与发展，体现了一个国家、民族和地域的科学技术水平、精神文明和物质文明程度，同时也表现出特有的民族文化风貌和审美水准。世界上每一个民族都面临着自由发展和国际化的挑战。人们一方面想尽力保持本民族悠久的文化历史传统，另一方面又不得不面对现代化、国际化的时代发展趋势。将传统与现代、民族化与国际化完全分离开来，不能使人们从传统的角度对待现代，也不能让人们以国际化的视野审视民族化，但是简单将民族化与现代化拼凑到一起，比如“越是民族的越是世界的”这种说法，也是缺乏说服力的。如何在设计中处理好民族化与现代化的关系，成为摆在包装设计师面前的一项重大课题。

（一）现代化是全球发展趋势

当前信息社会，现代化在很大程度上是西化。无论是工业化大生产的理性、简洁风格，或者是跨国公司的文化主张，都来自西方发达国家。在当前，中国与世界文化增强交流的同时，西方的设计文化与理念被不同程度地运用到当代中国包装设计、设计教育研究等领域中，我们的营销或设计案例中言必可口可乐、麦当劳，论必万宝路、奔驰，成为近 20 年来中国设计文化思考的主要参照系，也成为推动中国设计文化发展的重要动力。可以说现代化的历程，是从西方开始的，然后由西至东以至全球。其他国家在现代化过程中都有一个向西方近代文化学习的过程。我们今天衡量现代化很大程度上是沿用了西方的标准（图 6-19）。

但是，我们还应看到，在这个引进的过程中，一些层面上只是对西方设计语言的机械照搬。某些设计师甚至主张以西方设计文化全面改造中国设计文化，从而实现中国设计的现代化。诚然，西方设计文化因其科学性和先进性，值得我们去学习，但如何学习却是一个值得思考的问题。

图 6-19　百龄坛威士忌包装设计（设计：Carre Noir）

黑方块设计公司运用不同的图案，赋予产品明显不同的性格特点

（二）民族文化是包装设计的创新之源

著名文化人类学家马林洛夫斯基说过“在人类社会生活中，一切生物的需要已转化为文化的需要”，现代包装设计正是一门以文化为本位，以美学、生活为基础，以现代为导向的设计学科。现代包装设计越来越认同本土化，本土化即是对本土文化的认同。我们欣赏德国包装设计的严谨、理性，日本包装设计的空灵、轻巧，意大利包装设计的优雅与浪漫，无不来自他们对本民族文化的挖掘、继承与创新。

现在，中国自己的品牌少，而且很多是模仿或者照搬西方的东西，就是缺乏文化底蕴和创新精神。中华民族五千年的文明史，同时也孕育了深厚的包装文化，其丰富的内涵是其他文化不能及的，民族文化的挖掘与迸发是包装设计的创新之源，在此基础上，才能树立自己民族的品牌。

（三）传统风格与现代风格的取舍标准

文化发展的过程往往是渐进式的，是有延续性的，我们自己的传统在经历了几千年的发展之后，仍会向前发展，发展成中国自己的现代文化。例如传统的丝网印刷、木版印刷技术和纸材、木材等包装材料随着科技的进步都在不断地发展和更新。西方现代文化和中国民族文化之间并没有因果关系，可以独立发展，各自发展成现代文化的一部分。同时两者的共存也会导致彼此之间的相互影响和融合。

现代风格和中国民族风格都有自己的市场。比如，对于白酒、茶、月饼、地方土特产等传统产品包装，从中国传统的包装造型、吉祥图案、色彩、文字等民族元素中吸取精华进行设计，能够体现产品的悠久历史、文化底蕴，提升品牌价值。对于根基于外来文化的产品，如巧克力、咖啡、洋酒等产品，也应深挖其外来文化内涵，结合现代设计方式进行包装设计。而对于手机等高科技产品、西药、饮料、某些出口产品等则可以运用现代的、时尚的元素进行包装设计。

总之，在包装设计中，应该根据设计目的、产品属性、市场定位来选择传统或者现代的形式，那种为了体现现代性而摒弃所有传统的元素，或者为了体现民族的身份而把传统元素强加于作品的做法都是片面的。现代性和民族性结合的好，固然是不错的，但是如果弄得不伦不类，反而就没有市场了。我们可以借鉴日本设计界的双轨制。日本设计界非常注意设计发展时保护传统、民族性的部分，使国家的、民族的、传统的精华不至于因为经济活动、国际贸易竞争而受到破坏。日本的平面设计因此自然形成了针对海外和针对国内的两个大范畴：凡是针对国外市场的设计，往往采用国际能够认同的国际形象和国际平面设计形式，以争取广泛了解；而针对国内的平面设计则依据传统的方式，包括传统图案、传统的布局，比如汉字、佛教禅宗、各种传统包装等。日本包装设计界并没有对西方的设计亦步亦趋，他们在吸收外来文化的同时，更加强烈地意识到弘扬本民族文化传统的重要性，努力在国际风格、流行的西方风格与日本的民族设计中找寻结合的可能性，经过几代设计师的努力，用30余年时间走完了西方近一个世纪的发展路程，并形成独特的日本风格，在传统与现代，东方与西方之间找到了一条适合本国包装设计文化发展的道路，普遍得到了国际社会的承认（图6-20、图6-21）。

图6-20 日本烧酒包装设计（设计：Asano Kozue）
运用传统图案和传统的布局，意境空灵，表达日本民族传统审美观，形成鲜明的民族风格

图6-21 咖啡包装设计
环保的纸材、优美的肌理效果，使整体包装精致、现代感十足

中国内地的包装设计现代化进程比较晚。长期以来，国内的设计界、教育界都一直灌输民族性与现代性完美结合的观点，在这个思想的指导下，确实产生了一些优秀的作品，但同时也束缚了设计师的创造力。同时在经济实力、人们的审美情趣、设计理念、工艺材料水平还没有达到一个高度的时候，要找到现代性与传统之间、民族化与国际化之间的平衡点不是件容易的事。因此，我国在发展阶段可以借鉴日本的双轨制，针对国内国际不同市场或者不同设计定位采取不同的设计风格和形式。民族的与现代的可以同时独立发展，也可互相结合。

（四）对民族传统文化既要传承更要创新

一提起民族风格的包装设计，人们头脑中马上联想到暗红色、橙黄色、古代传统图案以及陶瓷等包装容器，而当前计算机的普及使用使中国古代图形的节选、复制广泛出现在设计中，但很多都是对中国传统文化属性的强行置入和简单拼凑。我们了解中国传统文化，包括包装文化，应当继承实质来发展，不能表面化地点缀一些传统文化形式来表示继承。文化传承生命力是创新，只有在吸收借鉴的基础上创造出新的包装形式，与时代和观念相结合才能更好地为产品传达信息，提升附加价值。

“传承”是指对本民族的文化作深层次的理解、学习和有选择地继承，包括易学文化、儒家和道家哲学、诗词歌赋、古典艺术、民间文化、民俗习惯等。所谓包装设计中民族性的体现，并非简单地将吉祥图案、剪纸、汉字等描绘在包装的视觉平面上，而应立足于透过其形式之实把握其精神之真，充分领略传统文化和艺术的思想美、语言美、形式美、意境美。将其内涵化为修养，在作品中自然流露。

“创新”就是在设计中对本土化肯定的同时，还要不拘泥于传统，多借鉴国外的先进设计理念和国际审美时尚，多利用先进的材料、工艺手段，从形式上升华，用现代的功能要求、观念、手法来表现传统文脉的形与意，发掘出能满足现代人心智需求的元素，变幻出真正现代形式的包装，形成同国际间的对话和交流。探求民族传统文化和现代审美观、价值观的契合，成为原创的一个重要方法。

在对待传统文化问题的价值取向上，传承是根本，创新是其走向。港台的一些包装设计师比较好的传承了中国文化特色并使其具有现代感。例如香港设计师陈幼坚主张把中国传统文化的精髓溶入西方现代设计的理念中去。从他的茶叶包装上我们可以感受到：无论从其色彩、造型、排版等都给予人一种典雅休闲的享受，体现出一股浓郁的中国文化韵味。以陈茶馆为例，标志设计是以宗教中的观音佛手与茶叶结合起来，让人对茶叶产生一种圣洁脱俗的感觉，曲线优美的中国线描图形与英文字母恰到好处的编排，给人一种神秘而又具现代气息的视觉感受（图 6-22）。其包装以暖色调为主，把中国文化与传统的视觉元素，用清晰明快的现代设计技巧再行编排，并运用了现代的包装材料和制作技术，达到中外雅俗共赏的效果，这使得它的消费群进一步扩大，特别是在香港这个东西方文化交融的市场（图 6-23）。

国内的设计师也正在积极地探索民族性与现代性结合的道路。例如黑马广告设计的可采眼贴膜包装，将 26 种名贵中草药植物（原料）用瓷器中青花的装饰手法散布于包装盒上，结合产品主诉求，让消费者在销售终端一目了然，品牌中英文字仿佛传统的印章形式但又不落俗套，版面处理既有传统中国药书中常见的表述方式，又颇具现代气息。清馨、淡雅的海蓝色调使整个包装极具“国际品牌时尚化”的效应（图 6-24）。

图 6-22　陈茶馆标志（设计：陈幼坚）

图 6-23　陈茶馆包装设计（设计：陈幼坚）
设计师成功地糅合西方美学和东方文化，既赋予作品传统神韵又不失时尚品位的优雅，展出中国风味浓重，却又不失优雅精细的包装产品

图 6-24　可采化妆品包装（设计：黑马设计公司）

（五）既要注入现代性又要超越现代性

我们的文化既要注入现代性，又要超越现代性，如此才能获得富有生命力的突破和发展。注入现代性是为了破除我国传统文化中封闭、狭隘、保守的方面，吸收现代性文化中的

优良因素，比如科学严谨、平等开放、感性亲切、人文关怀等，以及对任何新鲜的、创造性的、富有生活趣味的事物保有的敏感与好奇心等，从而使我们的文化在传统优良因子的基础上得到丰富、更新，成长为既有悠久的文化渊源，又有新时代的创造性和人文价值的新文化。

然而现代性的弊端也给我们的包装文化造成了恶劣影响，包装设计以极大刺激消费为最终目的，有些追逐高利润、高附加值的现象不断出现。例如：衬衣不管档次、价位的高低，都要配装彩印的纸盒包装；白酒不论质量好坏与真假，全都配“豪华”的硬纸盒包装；西洋参、燕窝口服液等一些补品和礼品很多是华而不实的“欺骗性”包装。还有一年一度的中秋佳节，豪华过度的月饼包装更是令人叹为观止。过度包装，用有毒有害材料包装，给社会、人类造成危害，只顾眼前小利，丧失了社会责任心和公共伦理道德，都是出于极端功利目的而对传统人文精神的漠视和危机。之所以要超越现代性，就是要在发扬包装设计给人们生活带来便利的同时，减少其物质性的追逐本性对我们优良的文化传统所秉承的人文精神、审美价值观的破坏（图 6-25）。

图 6-25 “和茶生香”茶系列包装设计（设计：王娟）

“和”，作为一种文化，历来是中华民族传统的人文价值和精神核心。以“和茶”会友，品味人生，增进交流和沟通。此设计将“和”文化溶入包装的结构设计、材料设计之中。追求简约、内敛、环保、人性化的设计风格。在结构上，运用组合、拼合、吻合等形式，体现整体和局部的对立统一、和而不同。在材料上，选用现代新型装饰纸张和“麻”等自然材料相结合，充分运用其色彩、肌理、质感的对比，达到较强的视觉冲击力。在视觉平面设计上将品牌标志符号化。并运用捆、扎、结、粘等传统包装方式，使之具有较高的审美品位和文化内涵

综上所述，民族性和现代性在包装设计中都相当重要，简单将两者拉扯到一起，是片面的、不可取的，并不是所有的包装设计都要两者共存，二者可以独立发展，各自发展成为中国现代文化的一部分，也可相互结合。同时，在国内经济实力、人们的审美情趣、设计理念、工艺材料水平还没有达到一个高度的时候，可以借鉴日本的双轨制，根据设计目的、产品属性、市场定位不同来选择不同的设计风格和形式。

在全球化国际竞争的环境当中，中国的设计师不仅要有一种责任感，而且要有一种历史感和文化感，中国的现代包装设计不能够脱离民族文化而发展，更要融入世界现代文化的潮流当中去。可以借鉴世界上不同国家、不同民族的各种现代化模式，借鉴不同国家和地区的设计家将民族个性与国际潮流结合起来、将传统艺术和现代设计结合起来、将大众需求与文化品位、经济利益与可持续发展观念结合起来的成功经验，挖掘、整理中国包装设计中优秀、丰富的民族文化内涵，从传统中探寻本土设计的“根”，将传统的文化思想精髓同当代包装设计的要素有机结合起来，注入现代性、超越现代性，使包装设计在具备本土化特征的同时具有广泛的世界性和国际性，这应该是中国现代包装设计发展的必然趋势之一。

三、礼品包装设计

礼品在人们生活当中占有重要地位，是传达心意的载体，促进交流的纽带。为增强礼品的气氛和情趣，提高礼品的身份和功效，礼品包装设计显得尤为重要。礼品包装不仅只限于在市场货架上流通和陈列，更要能介入人们的社会关系和生活细节之中，通过设计补充和丰富送礼人的心意，使受礼人获得意料之外的精神享受和满足，以此来增加礼品的价值感。因此礼品包装设计需要体现更高的审美品位和丰富的文化内涵。

（一）包装设计与馈赠文化

中国是礼仪之邦，中华民族受儒家中庸思想的影响形成了独特的馈赠礼俗。中国传统文化倡导道德至上，注重伦理，重视家庭生活和亲朋好友之间的友谊，礼尚往来的习俗，需要利用包装来增加礼品的贵重感和价值感，注入亲情、温情。传统用楠木、樟木制作的各种匣、盒，用来装存笔、墨、书、画、砚等物品，正是一种讲究的礼品包装。

不同的民族，不同的环境造成了不同的文化观念，直接或间接地表现在自己的礼仪活动和风俗中，使礼品包装逐渐形成了精彩纷呈、各具特色的文化风格和艺术样式。如美国是个移民国家，思想开放，礼品包装设计风格多样，形式新颖；善于严谨的哲学思维的日耳曼民族偏爱线条简练、色彩稳重的图案，德国的礼品包装具有理性的造型风格；法国则是一个既尊重传统又推崇现代意识的国家，礼品包装华丽而富有现代感；北欧的礼品包装呈现简约、现代而平民化的风格。而日本的传统文化理念受中国文化的影响很深，日本的礼品包装，对礼节、友谊、平等的追求都体现出一种极富于象征的形式。如：以绳打结是平等、友好的象征，以白纸包裹礼物，则象征着送礼者真挚的情谊，强调礼的象征。一直以来，日本传统文化习惯把来源于自然的材料看作“第一自然”，而把对天然材料的选择和再设计加工看作“第二自然”。日本的礼品包装融汇了传统图案、汉字等视觉元素和佛教禅宗的审美意识等特点，运用草藤、竹木、纸之类的自然材料，清新淡雅，注重细节，在结构处理和捆扎方法上相当考究，富有人情味（图 6-26 ~ 图 6-28）。

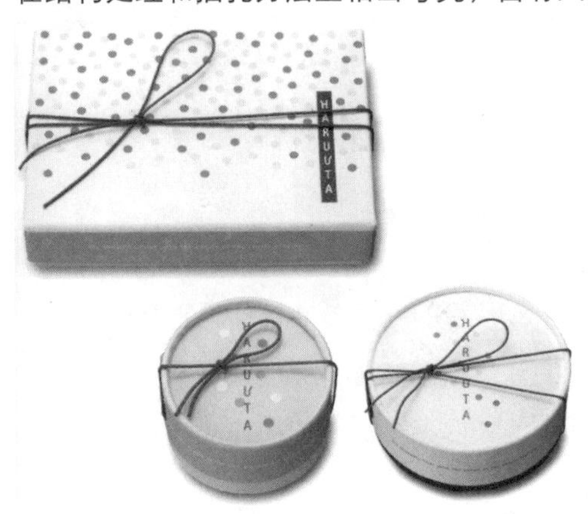

图 6-26 巧克力包装设计（设计：山下真理子）
色调淡雅、清新，打结的方式让礼的意味更浓

图 6-27 礼品包装设计（设计：Design Shigeno Araki & Co.）

图 6-28 礼品包装设计（设计：Dosa Kim）

礼品包装设计作为文化媒介，传递着一个国家、地区的馈赠文化，体现了包装的综合文化性。

（二）礼品包装设计的文化特征

1. 从中国传统文化中追寻人性和含蓄

如果说外国礼品包装贵在“达意”，而中国礼品包装则贵在“传情”，表达中国古典美学的含蓄美。中国传统文化主张天人合一、和实生物，视“和”为世间万物最根本和最具生命力的状态。由“和”的观念所指导的创造活动，体现在形式与功能的适度结合，主张人性化设计和追求平和含蓄的设计风格。

我国传统产品的礼品包装上大量运用梅兰竹菊、岁寒三友、如意、龙凤、麒麟、太极、八卦、喜鹊、鲤鱼、万字、十二生肖、三阳开泰等饱含欢喜、平稳、圆满、幸福、寓意的吉祥图案，并且追求造型形式上的完整性、对称性，这是我国人民崇尚礼节和中庸平和、相对保守的民族特征的体现，也表达了人们对美好生活的追求和祈望。我国现代礼品包装注重从自然材料的视觉、触觉的感受中亲近大自然，注重使用平稳而适用的结构和运用单纯热烈的色彩及中国书法字体，这都是“天人合一”的传统文化思想的一种体现。例如黄色是旧时皇族的象征，是一种尊贵的色彩。而红色从原始社会开始，就是一种图腾色，它热烈奔放，喜庆富贵，体现着中华民族的血性、乐观和刚烈，大量在礼品包装中使用。而书法把汉字的美发挥到了极致，使汉字有象形美、同时具有丰富的文化内涵。

例如图 6-29 香港著名设计师靳埭强设计的荣华饼家礼品包装设计，以黄、紫等传统色彩，构图编排富有国画韵味，并应用了独创的书法字体，富有中国传统文化特色，其黄色背景和独特的品牌标识深入人心。

端午节吃粽子是中国传统文化活动，图 6-30 五粮粽的礼品包装设计就别具一格，首先借用八角形的竹器来做包装材料，再用一张红底黑字十足能传达出端午节令的标签，以金线系于竹制的包装上，在标签上则以一些中国式的插图来传达此粽子的成分与特色，体现出浓郁的中国传统文化特色。

了解本国和他国的传统文化，包括礼品包装文化，应当继承实质来发展，既不满足于过去，又不表面化地点缀一些传统文化形式来表示继承。只有在吸收借鉴的基础上创造出

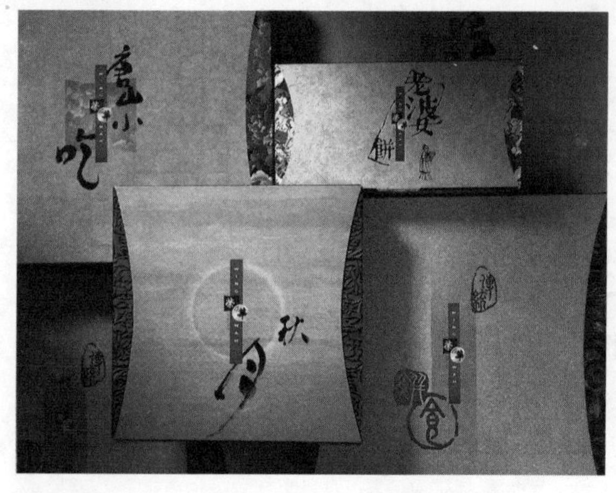

图 6-29 荣华饼家礼品包装设计（设计：靳埭强）

图 6-30 五粮粽包装（设计：王丁香）

新的形式，与时代和观念相结合才能更好地为礼品传情达意。

2. 从民间文化中追寻乡土和自然

民间文化通常是指民俗的大众的，老百姓之间流传或传承的具有民俗性质的文化。民间文化是民族文化传统中的重要组成部分，包括民间舞蹈、民间杂技、民间戏曲、民间美术和民间书法、民间手工艺、礼仪等等。每个民族、地区、不同时期对礼品都有独特的理解。年画、脸谱、刺绣、灯笼、陶塑、泥玩具、器具等民间艺术形象给人自然、乡土、清新的艺术享受，设计师从中汲取灵感，可以使礼品包装的设计语言更加丰富多彩。

例如图 6-31“泸州老窖”的包装，选用木、紫砂等材料，以象征生产力的牛角的造型来设计酒瓶，结合书法、印章等元素，突出了浓郁的地方民俗文化风格。

日本包装设计家秋月繁特别善于运用日本乡土玩具和乡土面具为题材进行包装设计。乡土面具，是指从日本古代到中世纪一直在制作的木雕面具，它们代表着先人祈祷五谷丰登、子孙繁荣的真挚愿望，和朴素的充满泥土气息的乡土玩具一样，是日本民间文化的代表之一。例如图 6-32 这款折叠式玩具包装礼盒设计，在以厚纸为芯的书套式盒上用水性颜料描绘了几十个达磨（乡土玩具）的形象，中间有一个大达磨端坐在那里，周围有表情丰富的 40 个小达磨围着，红和黑两种色彩是达磨最合适的搭配色，充满日本乡土民俗文化质朴率真的装饰风格。

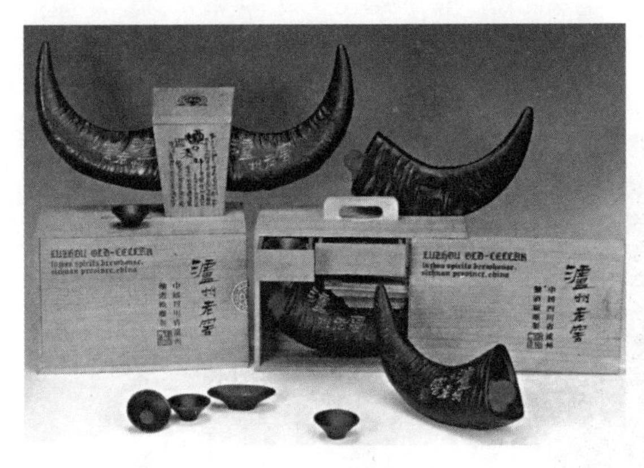

图 6-31 泸州老窖包装设计（设计：马熊）

图 6-32 乡土玩具礼品包装设计（设计：秋月繁）

好的礼品包装设计可以把本民族的文化、民俗、美感、情谊等集于一体。

3. 从审美文化中寻找创意和定位

审美文化是以主体精神体验和情感享受为主导的社会情感文化。现代礼品包装在销售和赠送过程中，要将包装的材美工巧传递给消费者，让送礼者和受礼者一起体验礼品带给人的精致、典雅、惊喜等审美感受。俗话说，“千里送鹅毛，礼轻情意重”，其实，礼品不在于内容物的档次高低，而在于有针对性的创意设计及策划，要研究赠送对象，要把目的理念导入进去，采用有冲击力的形式，用婉转的方式把信息传达给对方，因此在选材和形式、工艺，以及色彩和图案上都要有创新。

比如：DEPASQUALE 广告的创意，作为一家有意大利传统的公司，对家庭和朋友这些传统价值观极为珍视，选择“面食”作为创意题材是最恰当的。所以礼品设计以意大利面套包装，附上精美贺卡，表达了幸福与健康的祝福。

再如图 6-33 这款袜子的外包装的表面通过凹凸印刷印有许多生活运动的图案，加上

图 6-33 袜子礼品包装设计

特种纸的质感使得与袜子织绣相似，内外协调统一，突显小礼品的精致和高档感。

现代礼品包装设计注重创意和策划，在选择礼品和设计包装的时候进行准确定位，赋予礼品更高的审美品位，能更好地加强公司与公司、团体与团体、生产者与消费者之间的情感交流，给人一种回味和联想，同时提高人们之间的情操。

4. 从社会文化中追寻环保和简约

社会文化涵盖的社会科学、社会审美、礼仪文化、社会道德、社会观念等多方面内容与现代礼品包装设计有着必然的联系，对社会经济生活产生着促进作用。

社会礼仪文化要求包装设计师首先考虑到礼品包装的馈赠功能。社会的道德和责任感，引导现代礼品包装考虑到环境保护和社会可持续发展的必要性，担负起营造良好经济秩序的社会责任。

比如图 6-34 这款圣诞节精品包装，设计非常简约，已经超越了他们功能上的目的，成为渴望获得并具展示性礼品的一部分。再如图 6-35 的月饼礼品包装盒设计，并不像一贯的月饼包装那样运用大红大紫的色调以及一些传统元素的堆砌，而是运用简练的造型、淡雅的色调，环保的材质，很好地传达出优美的意境，非过度的合适而巧妙的结构使其礼盒使用后还能当存放小物品的储物盒，使其功能得到延续，符合可持续设计的理念。

图 6-34 圣诞节精品包装（设计：FX Ballery）

图 6-35 月饼包装设计（设计：白马设计公司）

简洁、明快、环保的设计风格，拓展了“礼”的概念，可持续设计、简约设计、人性化设计已逐渐成为现代礼品包装设计的一种趋势。

5. 从流行文化中追寻时尚和趣味

流行文化是在一定地区或全球范围内，按一定节奏、以一定周期，在不同层次、年龄、阶层和阶级的消费群体中广泛传播起来的文化。每个时期的设计文化和流行文化都具有自己独特的观念体系。现代礼品包装设计作为流行文化的一个重要载体，引领着时尚和趣味，成为与目标消费群体形成默契的情感交流的重要手段。

比如 BD-TANK 礼品设计别出心裁，在一个充气的邮包内装着一只巧克力礼盒，给人们一种新鲜有趣的感觉。再如图 6-36 奈克斯·三普立（Next Sempre）采用淡奶油色并具柔滑触感的纸盒包装，手打的、大且圆的蝴蝶结成为包装的一部分，为包装带来张力，充满生机，给人时尚和活力的感觉，更传达出礼品的品质与价值感。

对流行文化风格的研究和开拓，也是对市场的开拓，创造新的观念及审美下的礼品新市场，通过设计引领时尚消费的潮流（图 6-37）。

图 6-36 Next Sempre 香水包装设计

图 6-37 瑞纳特香槟酒、节庆系列包装设计
象牙色皮革制成的把手与开合扣带，表现出了产品的雅致与细腻，礼盒上的烫金字母形成和谐曲线，引人联想到花瓣的柔和与芳香

现代礼品包装设计风格多样，或朴实清新或华贵典雅，或简约明快或浪漫温馨，或诙谐幽默或童趣盎然，或含蓄稳重或热烈张扬，所体现出的不同文化特征，正是各个国家、地区不同时期不同民族的文化精神之所在。随着时代的发展，科技的进步，我们应找准科学与人文的契合点，不断去发掘礼品包装设计的文化内涵和审美趣味，使礼品和包装一同更好地为人服务，也更加体现文化的博大与精深。

四、旅游纪念品包装设计

随着经济全球化以及我国对外开放交流的进一步扩大，特别是中国成功举办奥运会、世博会之后，来华旅游、经商的各国游客日益增多，旅游业成为中国经济发展的支柱性产业之一。目前，中国已位居全球五大旅游国之列，旅游纪念品的市场需求随之大大增加，对纪念品的包装设计也提出了更高的要求。

旅游纪念品及其包装是情感的载体，铭刻了旅游者的美好回忆，也是旅游地科技、文化水平和生活方式、艺术审美的浓缩和象征。因此，旅游纪念品包装不仅限于保护、审美和销售功能，还要赋予一定的民族文化内涵和环保意识、品牌意识。然而，综观国内的旅游纪念品包装设计现状，仍然存在不少问题，大大滞后于我国旅游业的发展。

（一）旅游纪念品包装设计现状——以广州为例

改革开放以来，广州旅游业蓬勃发展。2010 年在广州成功举办的第十六届亚运会，更是广州旅游业一次难得的发展机遇。然而，作为旅游商品重要组成部分的旅游纪念品的包装设计长期滞后，不能满足国内外游客日益增长的需求，成为困扰广州旅游业发展的一大瓶颈之一。

广州作为千年商都，海上丝绸之路的起点，毗邻港澳，又是我国最早进行改革开放的，具有优越的地理位置和优良的商业传统，被誉为“美食购物天堂”和“历史文化名城”。

2008 年 12 月，在国家发改委颁布的《珠江三角洲地区改革发展规划纲要（2008—2020）》中，明确提出将广东建设成“全国旅游综合改革示范区”，建成亚太地区具有重要影响力的国际旅游目的地和游客集散地。随后，广州市委市政府颁布了《关于加快我市旅游业发展建设旅游强市的意见》（穗字〔2009〕15 号），市财政从 2009 年起，加大了旅游导向性投入，主要用于旅游基础设施建设、旅游商品开发等。由于政府的重视以及一系列有效措施，广州旅游纪念品的开发工作取得了一定成效，其种类涵盖了广州亚运特许商品、岭南工艺品、岭南艺术品（例如岭南绘画、书法）、文物复制品、土特产品等。然而，在包装设计上存在的问题也日益凸现，主要表现在以下几个方面。

1. 形式简陋

纪念品包装可以分为运输包装、展示包装和销售包装。广州旅游纪念品包装大多形式简陋，包装雷同，携带不便。笔者在广州万菱广场、文德路艺术品市场了解到，商家在售卖纪念品时都是直接把产品摆出来展示。出售时或者采用没有品牌标识和产品名称的通用包装盒，或者直接用运输包装，或者干脆用胶袋。消费者在携带的过程中很可能使纪念品破坏或损毁。

2. 缺乏文化内涵与个性特征

旅游纪念品的包装，其功能不仅是保护和促销纪念品，更重要的是体现旅游地的历史文化与风土人情，起到铭刻旅游者美好回忆和宣传旅游胜地的作用。然而，广州旅游纪念品的包装设计大多缺乏文化内涵和个性特征，难以体现广东特色。

例如广彩，起源于清代康熙年间，成熟于乾隆时期，作为我国著名的外销瓷，发展至今已有三百多年的历史，也是具有浓郁岭南特色的旅游工艺品之一。然而，目前在陈家祠和中山纪念堂售卖的广彩纪念品，标价由几十元到几百、上千元不等，其包装却只是采用普通的以吉祥纹样为饰的缎面锦盒，内部以泡沫和绒布为衬，造型简单，千篇一律。虽然能起到一定的保护作用，却完全没有体现出广州的文化特色，使广彩的纪念、收藏与鉴赏价值大打折扣（图 6-38）。

图 6-38 广彩 中山纪念堂

3. 缺乏品牌培养

在广州旅游纪念品市场，存在设计观念滞后、品牌培养缺乏的问题。除了王老吉、莲香楼、广州酒家、陶陶居等广州老字号商品的包装设计比较注重突出品牌标识外，其他各类纪念品的包装设计普遍缺乏响亮的品牌支撑。如图 6-39，以号称中国四大名砚之首，产自广东肇庆（古称端州）的端砚为主要卖点的文房四宝纪念品是以锦盒为包装，在其主展示面上印着“中国文房四宝”几个字样，并无任何品牌标识，也无生产厂家或公司名称。

4. 缺乏高层次设计人才

在广州，专门从事旅游纪念品开发和包装设计的企业和公司很少。主要集中在广州市工艺美术总公司、广州市恒程工艺品有限公司、广州旭东礼行文化传播有限公司、广州市泊琇贸易有限公司等少数几家公司。这些公司各自为政，没有统一规划，缺乏专门的设计人才。

图 6-39 文房四宝 陈家祠

综上所述，广州旅游纪念品包装设计的落后状况影响了纪念品的含金量和竞争力，制约了广州市旅游业的发展。提高广州旅游纪念品包装设计水平、提升纪念品品牌附加值和产品销售量，繁荣和发展旅游商品市场成为摆在我们面前日益紧迫的重要课题。

（二）旅游纪念品包装设计发展趋势——以广州为例

1. 旅游纪念品包装设计与品牌塑造

纪念品伴随着旅游者的足迹散布到全球各地，既是对旅游地的宣传，也是对纪念品品牌的有效传播，更是一种文化产品的输出。而文化产业的未来是品牌输出，树立广州本土的旅游纪念品名牌已刻不容缓。

当然，名牌旅游纪念品的形成不是一蹴而就的，与多方面因素有关，但没有品牌就没有高效益和较强的竞争力。当今世界，科技的发展缩短了产品之间质量的差别，包装成了产品形象的化身，同时又是品牌形象的具体化，纪念品包装中品牌的有效识别是消费者购买时安全和信誉的保证，在广告预算十分有限的情况下，必须用有吸引力的包装和创新产品来努力地表达品牌定位，通过系列化的形式树立鲜明的品牌形象。因此，广州旅游纪念品创立品牌的战略离不开商品的包装设计，包装设计的优劣也直接反映了纪念品品牌的形象。

例如中国作为茶叶的发源地，却没有在国际上叫得响的茶品牌，全国有七万家茶厂，广州有全国规模最大的茶叶批发市场和茶叶集散地——广州芳村茶叶市场，但外国游客来广州旅游却鲜有带上本土茶叶走的。而去英国旅游的人却无一不对他们的川宁茶（TWININGS）印象深刻，走时不忘带上几包。川宁茶，尽管其原料和配方与中国颇有渊源，但不论是何种类型、何种口味的茶包装上，都鲜明地突出“TWININGS”的品牌识别，并通过系列化的包装设计强化品牌形象。不长一颗茶树的英国缔造了立顿、川宁品牌，风靡全世界 100 多个国家，靠的就是清晰的市场定位和鲜明的品牌形象。

旅游纪念品销售的竞争已不完全停留在资源、价格等方面。对于广州旅游纪念品商家来说，一个深入人心、被市场认可的品牌才能帮助其扩大销售量，使其具有更大竞争力。包装作为产品的外衣，在无形中体现着产品的品牌价值和文化内涵。广州旅游纪念品包装设计应提高品牌观念，通过包装中的视觉平面设计传达纪念品品牌的视觉识别，通过系列化的形式树立统一的品牌形象。

2. 旅游纪念品包装设计与创新原则

旅游纪念品除了消费者买来纪念、收藏外，还有一个功能是作为礼品馈赠亲朋好友。

作为礼品的旅游纪念品在销售和赠送过程中，要将纪念品及包装设计的材美工巧传递给消费者，让送礼者和受礼者感受到纪念品或精致、或华丽、或清新、或质朴的精神体验和情感享受。随着人们对个性化、特色化旅游商品的需求日益增长，纪念品及包装的设计形式也必须随时代变化产生新的视觉形象与视觉语言（图 6-40）。

创新原则是旅游纪念品开发及包装设计中最重要的原则。由于新材料的运用、结构的更新以及视觉平面设计的变化而进行的创新设计，为产品创造出了新的销售市场。例如图 6-41 是日本乡土玩具旅游纪念品，设计师善于采用纸、竹、木、泥等天然材料，量材施用、因地制宜地设计制作纪念品及包装，体现出自然、质朴、率真的装饰风格，在提升纪念品艺术和审美价值的同时兼具实用功能。

图 6-40　英国巧克力包装

包装看起来非常精巧可爱，以英国伦敦标志性建筑大笨钟为设计原型，结合一个飞翔的英国男孩，具有鲜明的英国特色，包装用完后还可以做储钱罐，延展了包装的功能

图 6-41　乡土玩具抽屉式包装盒（设计：秋月繁）

利用桐木端正的表面纹理加工而成，也可以作为文房四宝使用

广州旅游纪念品包装设计的创新原则体现在包装材料的创新、包装结构的创新、包装工艺以及视觉传达手段的创新。

在包装材料方面，除了传统纸材外还可注重选择自然材料、可降解生态材料，以及高科技新型复合材料，构筑纪念品包装的新形象，丰富艺术语言的表达。例如竹、木、泥、植物的茎叶等天然材料，就地取材，成本低廉，易于回收降解。广东竹类资源丰富，竹材的生长周期短，加工工艺简单，质轻且耐用，是土特产品等较理想的包装材料。木材，可用来包装笔、墨、书、画、砚等艺术品和文物复制品，不仅环保而且具有一定文化品位。

在包装结构方面，可在了解纪念品市场情况和产品准确定位的基础上大胆创新，打破常规和四平八稳的传统结构，从大自然中模拟仿生，吸取灵感，从传统造型中比较借鉴，开启思路，使思维突破框架局限，寻求多种设计途径提高创造力。

摄影、绘画、插图、字体、色彩、印刷等各种视觉传达手段的创新，和新技术、新工艺的运用，同样可以体现出纪念品品牌的个性和差异，使广州旅游纪念品包装随时代变化产生新的视觉形象与视觉语言。用绿色、人性化的设计手法拉近消费者与纪念品、纪念品与自然的距离，必将提升旅游纪念品的附加价值，提升广州旅游纪念品的竞争力。

3. 旅游纪念品包装设计与文化定位

作为一种短期的生活方式，旅游的根本目的在于寻求愉悦和体验异地不同的生活和文化，这是旅游本质的规定性。旅游纪念品是一个国家或地区蕴含丰富历史人文信息的名片，是对旅游地的二次宣传。消费者购买纪念品主要基于情感需要，因而它们并非简单的"物品"，而属于"文化产品"，这就要求，从纪念品设计到包装设计都应该突出旅游地的传统文化和民族特色。特别是对于外国游客来说，往往越具有"中国味"的设计越容易打动他们。2001 年上海 APEG 会议时唐装、中国结广为流行，2010 年上海世博会期间皮影扑克牌、剪纸金色书签等受到游客追捧。这些由中国传统文化转化而来的创意文化产品，得到国内外游客的广泛认同和普遍欢迎。

当代广州旅游纪念品包装设计的文化定位体现在深挖岭南文化内涵，结合时代特征，进行现代设计。广州最富有特色的地方文化就是源远流长的岭南文化。岭南文化既是中国传统文化的一部分，又基于地理、历史等因素，表现出务实、开放、兼容、灵活、敢为人先的独特个性和鲜明风格。广州人对"士农工商"、"学而优则仕"等意识并不敏感，他们更注重踏实的生产贸易活动。自秦汉以来，以"海上丝绸之路"为代表的商贸活动盛行不衰，也由此诞生了广州早期的旅游纪念品外销画和外销瓷，其糅合中西的绘画风格和色彩与中国传统陶瓷绘画有着明显的不同。近年来，广州市场出现一些较能代表岭南文化、广州风情的旅游纪念品，如石湾陶瓷红棉雕像、各种材质的五羊雕像；五羊传说仿骨雕、五羊玉雕、五羊传说二折木书等等。广州本土动漫明星喜洋洋、广州亚运吉祥物"乐羊羊"等也衍生为各类旅游纪念品，其包装设计都应体现广州的地域文化特色和时代特征。

要加强广州旅游纪念品包装设计的文化定位，必须深入挖掘能体现岭南文化特色的传统文化元素，例如岭南传统图形、岭南传统文字、岭南传统造型和材料等元素，经现代的手法提炼、改造、重组、变化，将之与纪念品包装设计的要素有机结合，创造出符合现代消费者需求的新包装，有效地传达民族情感。

4. 旅游纪念品包装设计与规划管理

在旅游发展的初级阶段，政府相关部门还应加强规划和管理力度：如制定旅游纪念品发展战略，建设旅游纪念品研发基地，积极培育更多地方品牌；举办由政府相关部门主导的广州旅游纪念品设计及包装设计大赛，扩大宣传效应，吸纳设计人才；协调政府以外的机构，为纪念品开发创造招商引资的环境；把零散的各种纪念品商店集中起来，除了重点景区，在广州较繁华地段还可以建设若干个规模较大种类较全的"广州旅游纪念品展示中心"，树立受市民和国内外游客欢迎的广州旅游纪念品品牌形象。

在人才培养方面，可依托广州市多所设计院校和旅游院校的教学资源，制定明确的人才培养方案和教学计划，强化培育专业设计人才，提高设计水平。同时还要为现有企业、公司设计人员提供培训、考察、交流的机会和渠道，提高整体设计水平。

旅游业已成为 21 世纪人类新的生活方式，也成为当今世界新的经济增长点。旅游纪念品开发及其包装的设计水平标志着旅游业发展的深度和广度。纪念品包装承载着传播传统文化和体现经济效益的双重作用，做好这一工作，对进一步完善我国旅游纪念品市场，加强我国旅游品牌的文化识别，实现宣传效应，拉动中国经济增长必将产生积极的意义。

五、岭南传统文化元素在现代包装设计中的应用

我国传统文化源远流长，具有共性和历史阶段性，同时也具有民族的多样性。岭南文化是中国传统文化的一部分，具有中国传统文化的典型特征，又由于地理、历史等因素，具有独立的个性和鲜明的风格。岭南文化的特点表现在极富地方色彩的地域性、善于吸收和补充新内容和新形式的开放性、容纳中西古今的兼容性，以及与时俱进的创新性。岭南文化从思想、观念到形式无不影响着与生产、生活密切相关的艺术设计的发展。岭南传统艺术精彩纷呈、形式多样。例如岭南建筑、岭南绘画、广彩、广绣、粤剧、剪纸、年画，等等。岭南文化艺术的瑰丽多姿，充分展现了中原汉文化与岭南本土文化在交流与融合中，所孕育并发展壮大起来的鲜明独特的文化内涵与地域色彩。

岭南传统文化元素运用在包装设计中，对现代包装设计有着深刻的启示和借鉴作用，为设计师提供了一个广阔的舞台。

（一）岭南传统图形

岭南传统图形艺术源远流长，内涵丰富，形式多样，是岭南民间艺术和民俗文化千百年来沉淀的结果，是中国传统文化的宝贵财富。根据其表现形式特征，可归纳为以下几种，首先是具象图形。例如集岭南历代建筑装饰艺术之大成的陈家祠，大量采用比喻、借代、联想等手法，把各种岭南花卉果木、祥禽瑞兽、神话或者历史人物的图形或物象巧妙组合、统一在一幅画里，如“莲年有鱼”、“三羊开泰”、“独占鳌头”、“八仙过海”等，表达了丰富的象征寓意。广彩“花蝶龙纹双象耳瓶”（清　道光）、潮州剪纸“梁山伯与祝英台”、佛山木版年画“镇宅神虎”、“和气生财”等等都是具象图形，具象图形擅长以情景再现的方式传递信息，非常直观、形象和生动。其次是抽象图形，抽象图形是运用点、线、面的自由构成设计出的图形语言，如云纹、太极、八卦、方胜、如意纹等，抽象图形更注重意象表现。还有一种就是图形结合文字的，如陈家祠的木雕屏门“祝福”图（图6-42）、“五福捧寿”，佛山剪纸“万世师表”，等等。

图6-42　陈家祠木雕“祝福”图

岭南传统装饰图形从发生到发展，都受到中国传统哲学思想、宗教和岭南民俗习惯、民俗文化的影响，表达了人们对美好生活的追求和祈望。传统图形的纹样特征、工艺手法、色彩特点等为包装设计师提供了丰富的灵感源泉。在进行传统产品的现代包装设计时，可对岭南传统吉祥图形进行提炼与研究，首先把握原有图形的文化意蕴与象征寓意，看是否合乎主题，然后将之解构、重组，巧妙运用在包装的平面设计中，使其既有岭南传统图形的形似和神韵，又有现代设计的意味。

“尊月”月饼包装设计，综合采用了广彩、刺绣纹样、云纹、仕女图、书法文字等传

统元素，将之重新编排，巧妙组合，整体体现出浓厚的历史韵味，具有较高的文化品位。由广东茶叶进出口有限公司为2009中国（广州）国际茶业博览会精心设计制作的金帆牌“广云饼茶”获得了大会“唯一指定纪念茶”称号，该纪念茶，一生一熟，最鲜明的特色就是不论配方还是包装设计都进行了创新，突出了广式韵味，风格独特。在包装方面，设计师通过对传统装饰图案的构成规律的研究，精心设计了一组以茶叶为原型的卷草纹样，体现了圆满、吉祥、欣欣向荣的美好寓意。色彩上以红、绿两种色调区别生茶和熟茶，配合遒劲有力的书法字体，使整体包装精美雅致，真正做到了内外兼修，让人在品茗时感受到一种古朴敦厚、回归自然的独特茶韵，独具岭南特色，成为茶中精品。

（二）岭南传统文字

中国有五千年文明史，在中原这一带很早就可以看到文字的记载和传统，但是岭南这个地方什么时候才有文字呢？基本上是到了秦汉的时候。岭南地区在古代为南越百姓居住地，秦汉以后由于战乱，北方汉族迁徙南下带来了中原文化，也带来了北方的文字。长期以来汉越文化交流融合，并博采其他民族和地域文化、外来文化的精华，经过长期融合、创新形成了岭南文化，但岭南文化仍以中国传统文化为主体。

传统文字具有强烈的个性和突出的视觉效果，在包装中不仅能传递信息，还能起到装饰、美化甚至传承文化的作用，是一种具有强大生命力和感染力的设计元素，被越来越多的包装设计师采用，使现代设计呈现独特的民族风格和时代特色。

“秋冬防肺燥，春夏祛暑湿”，形象地体现了凉茶在岭南人民日常养生保健中的重要性。凉茶作为岭南传统中医药文化和养生保健文化的衍生品，其包装设计也要充分体现岭南传统文化特色。百年老字号品牌红罐“王老吉”的包装以大红色为底色，视觉中心是三个黄色楷书文字“王老吉”，红红火火，大方醒目，使王老吉在终端的视觉效果非常突出。由于岭南文化深受中原汉文化影响，表示喜庆、尊贵的红、黄色彩以及楷书文字都是深得人心、深具文化认同感的，充分体现了“吉庆时分当然是王老吉”的品牌理念。

后起之秀“邓老凉茶”包装则以深绿色、灰色为基调，“邓老凉茶”几个书法字体错落有致，与卷轴背景形成一个符号化的组合，显得古朴、典雅。尤其是浅色的行书“中国凉茶道”与八个养生操的线描图形相得益彰，流畅、飘逸。传统文字的运用使整个包装形象体现出浓厚的岭南中医文化底蕴，深化了“中国凉茶道”的品牌内涵。

由广东天一文化有限公司设计的曾获得中国之星金奖的“千里共明月”礼盒包装，采用古朴的“老宋体”为主体形象，间或穿插云纹、水纹铺排在包装的平面设计之中，一反常规的红、黑二色，庄重、华贵，把传统文字的美发挥到了极致，同时具有丰富的文化内涵，给人留下深刻的印象（图6-43）。

图6-43 “千里共明月”包装设计（设计：广东天一文化有限公司）

（三）岭南传统造型和材料

中国传统文化崇尚自然，主张一切“顺乎自然”，强调天人合一。儒家视“和”为世间万物最根本和最具生命力的状态，强调和实生物，同则不继。在岭南文化中，人们比北方更崇尚自然，以至于连轮船的命名都是“顺风”、“顺水”等。天人合一、和而不同也是岭南文化的精髓。在“和”的观念指导下，岭南古代造型艺术讲究和谐与节制，追求自然材料的运用，呈现质朴、细腻的风格。例如石湾陶瓷艺术就是石湾匠师们运用本地的陶土和釉料，以鸟兽虫鱼或者植物的形体为基础造型进行加工变化，塑造成各种形神兼备、既美观又实用的器物。

岭南艺术平实的意蕴与和谐的显现方式，与它宽容并蓄、务实沉稳的文化环境相融合，更具有一种内蕴和张力。这为我们今天在设计包装造型时提供了明确的方向：主张人性化的设计，追求平和含蓄的设计风格，形式与功能适度结合。在传统产品的现代包装设计中，我们可以借鉴岭南艺术清新活泼、崇尚自然的审美风格，注重自然、生态材料的视觉、触觉表现，树立环保意识；借鉴岭南艺术的传统造型法则与工艺技术，合理地运用到现代包装设计的造型手法上，进而体现出岭南文化的底蕴与特质。

在广东省首届茶叶包装设计大赛评比中，广州芳村区子园庄普洱茶批发部的“普洱茶包装盒系列”获得全场最佳创意奖。其中，系列之一的“竹筒型普洱茶包装”获得一等奖，该设计最大的特点是利用竹制品这一天然材料，恰当地表现出传统产品的特色，直竹筒型的造型设计，结构科学合理，平面设计古朴大方（图 6-44）。系列之二的“葫芦型普洱茶包装”是以葫芦为造型设计，烧制成陶瓷瓶，并巧妙地处理了开盖的方式（图 6-45）。葫芦又称“蒲芦”，谐音为“福禄”、“护禄”，其茎叶称为“蔓带”，谐音“万代”，故而“蒲芦蔓带”谐音是“福禄万代”，加上它外形圆滚、入口小而肚量大的造型特征，仿佛能够广吸金银财宝。因此，葫芦自古以来在岭南就是“福禄吉祥”、“健康长寿”、“招财进宝”、“大吉大利”的象征，也是驱魔辟邪、护家保宅的良品。将茶叶包装在以葫芦为造型的陶瓷瓶里，茶叶喝完后其包装可以储物，摆放在家中，还是一件寓意吉祥的装饰品，真是别具一格的创意，不仅表现出浓郁的乡土特色，同时传递了深厚的岭南文化内涵。包装展示的不仅是外形，而且延伸了审美心理空间和审美心理感应，传达出形体所隐藏的情感语汇，将有限的形体物理空间转换成了无限的心理想象空间。

图 6-44　竹筒型普洱茶包装

图 6-45　葫芦型普洱茶包装

广州酒家的“西关第月饼”，将广州西关最传统的民居风情、最有代表性的建筑元素

“趟笼门”运用到包装的造型设计上，包装材料采用精致的木盒，随包装附送精美的广东特色雕塑工艺品，将岭南的几种传统文化元素融合在一盒月饼当中，既给人一种“老广州”的亲切感觉，又提升了月饼的品位，真是独具匠心。还有的月饼包装以传统广东乐器为题材进行造型设计，并配有广东音乐CD碟，包装开启后还可以用作CD架，等等，无不展现出岭南传统文化的独特魅力。

文化传承的生命力是创新，中国虽然是个制造大国，但大多是为他人做嫁衣裳，自己的品牌少，而且很多都是在模仿或者照搬西方的形式和元素，缺乏文化内涵和创新精神。然而，只有创新才是设计进步和经济发展的推动力量，努力弘扬本民族的文化传统，用现代的功能、观念和手法来表现传统文脉的形与意，将是现代包装设计重要的创新之路，由此，才能树立自己民族的品牌。

岭南传统文化元素运用在包装设计之中，能极大地丰富现代包装设计的审美内涵和设计手法，拓展设计思维。包装设计师只有具备丰富的想象力和创造力，充分理解岭南传统文化元素的内涵和特征，在吸收、借鉴的基础上创造出新的包装形式，与时代和观念相结合才能更好地为产品传情达意，提升其附加值，同时使传统文化艺术的使用价值得到一个新的升华。

课题练习七：系列包装设计

内容：在市场调研的基础上，完成一套不少于4件的系列化包装设计。

要求：

（1）品牌个性鲜明、设计定位明确、符合市场对包装的基本要求。

（2）原创性，有新意，人性化、可持续性。

（3）注重独特性和创造力的发挥，有较高的审美品位和文化内涵。

（4）在造型、结构上大胆创新，打破四平八稳的结构。

（5）在材料上注重对比质材和自然材料、新型纸材的运用。

（6）平面视觉语言信息完整，有视觉冲击力，系列化包装的整体感强。

（7）完成手绘或电脑彩色效果图，并制作出实物（手工结合电脑制作），附创意及理念说明。

课 题 参 考

课题一：品牌包装设计

内容：从中国制造到中国创造，设计改变未来。以品牌塑造为目的，进行品牌包装的研发与设计。

要求：①品牌自拟；②食品、化妆品、日用品、个人饰品、玩具、医药品、电子产品等题材不限；③品牌个性鲜明、设计定位明确，原创性、可持续性；④附创意及理念说明。

课题二：礼品包装设计

内容：研究包装设计与馈赠文化、传统节日、季节性、目标消费人群，选定题材进行礼品包装设计。

要求：①品牌自拟，题材不限；②结构及色彩、开启方式符合对“礼”的诠释。③体现中国传统文化内涵；④有较高的审美品位和实用价值、环保；⑤有地方特色；⑥附创意说明。

课题三：茶叶包装设计

内容：中国茶道源远流长，茶文化博大精深。关爱大众生活，弘扬中国茶文化，让品茶文化与创意结合，进行茶叶包装设计。

要求：①品牌自拟，茶叶种类不限；②包装对内装物有良好的保护和保存性能，纸、竹、木、藤、陶、铁盒等各类包装形式不限；③关注年轻群体的消费心理；3. 设计新颖独特、开启方便、环保；④充分挖掘中国茶文化内涵，传统元素与现代形式相结合，现代感强；⑤附创意说明。

课题四：岭南特色旅游纪念品包装设计

内容：以弘扬岭南文化、挖掘地域特色、塑造品牌形象为宗旨，进行岭南特色旅游纪念品包装设计。以小组为单位，进行市场调研和资料收集，对传统、民俗的包装造型、结构、图案、文字、色彩及材料构成等进行解构、发展与创新。每人完成速写十张，每组完成调研报告和设计策划书一份，完成不少于4件的系列化包装设计一套。

要求：①品牌自拟；②特色纪念品、亚运纪念品、工艺美术品、文物复制品、文化艺术品（例如岭南绘画、书法等）、民俗用品、土特产品等题材不限；③充分体现岭南文化内涵和地哉特色，具有较高审美品位、现代感强；④创新性、可持续性，便于展示、携带或邮寄；⑤具有纪念、收藏及实用价值；⑥价格适中；⑦附创意说明。

课题四操作程序参考

（一）市场调研

以小组为单位，对当地旅游纪念品市场进行考察调研，找出旅游纪念品包装设计的发展现状，存在的问题，探讨岭南旅游纪念品包装设计的文化定位。确定选题，撰写调研报告与设计策划书，不少于2000字，并制作成PPT进行课堂演示。

（二）资料收集

以小组为单位，对广东地区富有岭南文化特征、体现地域文化和民俗文化特色的文化元素进行实地考察和调研（例如陈家祠、南越王墓、佛山民间艺术研究社等），对相关文献资料进行收集、整理，分析其艺术特点和表现形式。

每组选定研究项目（例如：剪纸、广彩、广绣、南狮、满洲窗、葫芦等），进行细致深入的整理和研究，每人交速写10张，并依照实物，设计出相应的平面效果图。

（三）比较分析

以小组为单位，进行文献研究和比较分析，比较我国其他省市以及欧美、日本、港台等与本国传统文化结合较好的旅游纪念品包装设计案例，探讨传统文化对旅游纪念品包装设计的影响，进行综合分析，提出设计策略和设计定位。

（四）创意设计

搜集准备的设计元素（文字、图片、相关符号、实物等），对商品包装进行全面的设计构思，小组进行多方案设计，并进行讨论、沟通，最后选出一个最佳方案，进行设计具体表现。

（五）方案提交（打印、样品）

完成电脑平面效果图，并打印制作成立体实物样品（结合手工制作）。

附录：包装设计作品集锦

选自广东工业大学艺术设计学院视觉传达设计系本科生优秀作品

指导教师：王娟

01　南越王墓纪念品设计及包装设计（设计：黄芬、陈结婷、蔡健敏、梁嘉慧）

02　“广州印象”之书签设计及包装设计（设计：廖洁英、苏金龄、巫凤平、李永富）

03 “羊城新八景”旅游纪念品设计及包装设计（设计：赵敏施、黎丽仪）

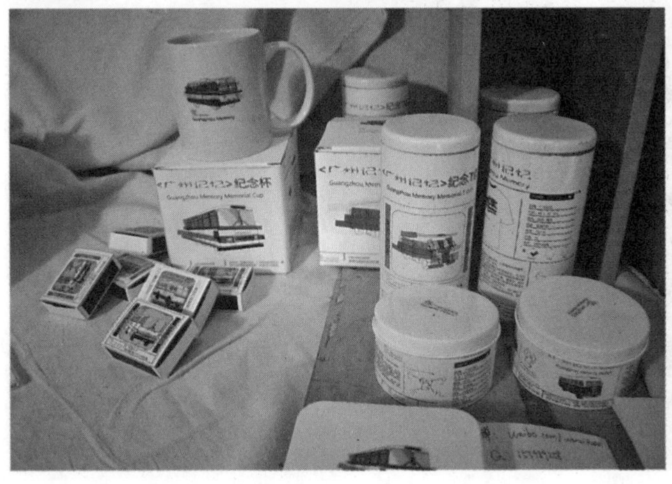

04 “广州记忆”纪念品设计及包装设计（设计：阮明浩）

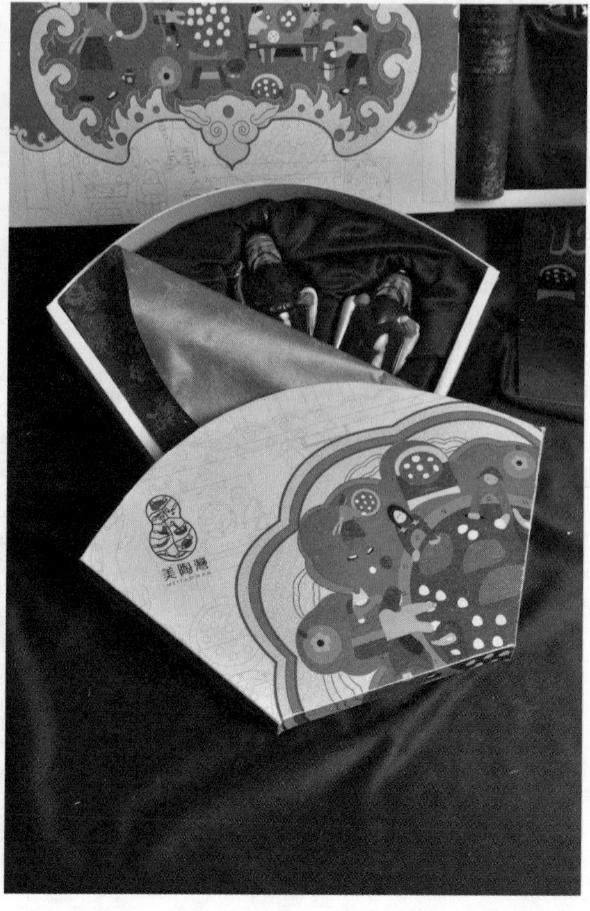

05 石湾公仔包装设计（设计：方晓斌、李榕、何冠峰）

06 鸡公榄包装设计（设计：黄惠冰、黄剑岚、何艳秋、邓丽娟）

07 “青悠思”梳子包装设计（设计：蔡珍妮、符文婷、黄燕青、郑晓燕）

08 “粤艺斋”粤剧脸谱包装设计（设计：黄惠琳、刘权莹、王苑苑、吴宝珊）

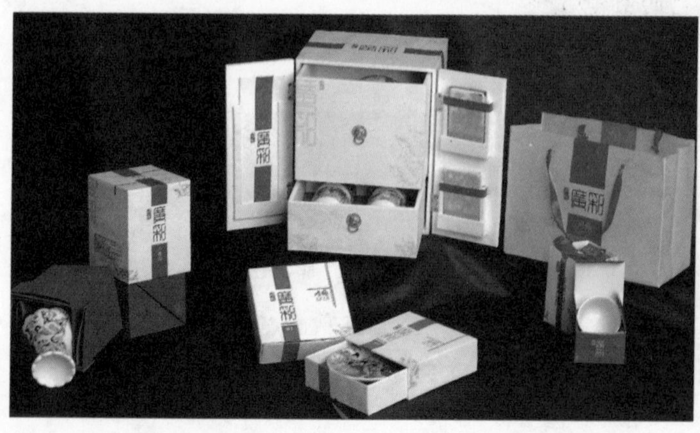

09 广彩包装设计（设计：江志聪、杨家子、徐银英、徐钰珊）

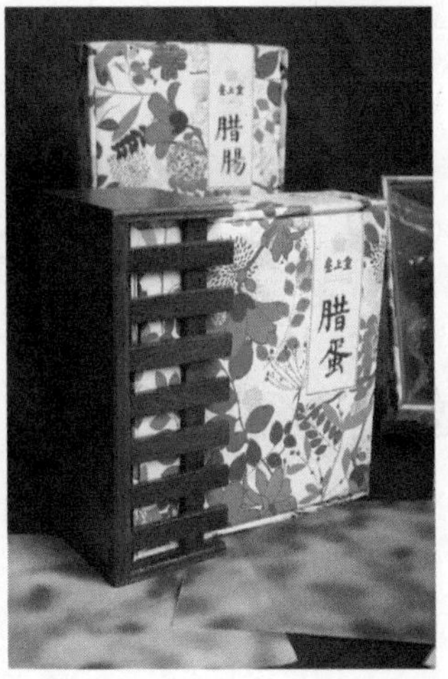

10 “皇上皇”腊味礼盒包装设计（设计：何辉、李沃斌、李文婷）

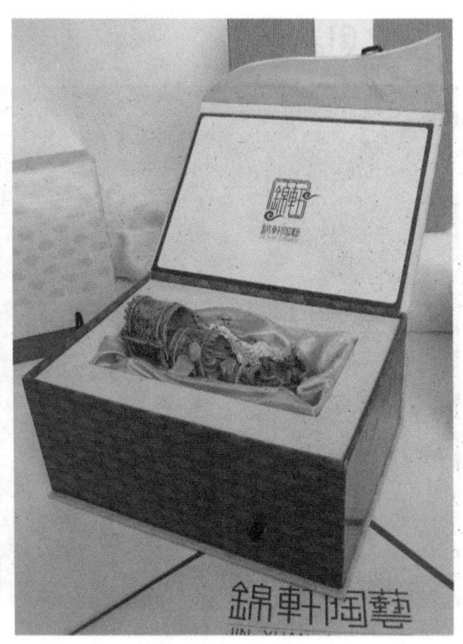

11 石湾公仔包装设计（设计：陆浩权、李杰、罗文、陈晨）

12 亚运会折扇包装设计（设计：陈扬智、邹丽施、曾丽花）

13 “皇上皇”腊肠包装设计（设计：罗伟来、吴均腾、张文强、徐秋艳）

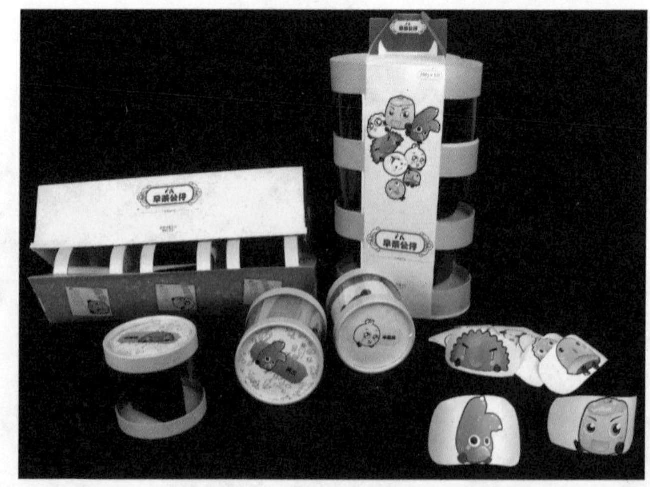

14 广式早茶公仔包装设计（设计：李宗氛、梁家威、彭剑恒）

15 鸡公榄包装设计（设计：黎淑妍、李金胜、李丽燕）

16 阳江荷花雏燕风筝包装设计（设计：梁丽思、赖燕丹、李静怡、雷海丹）

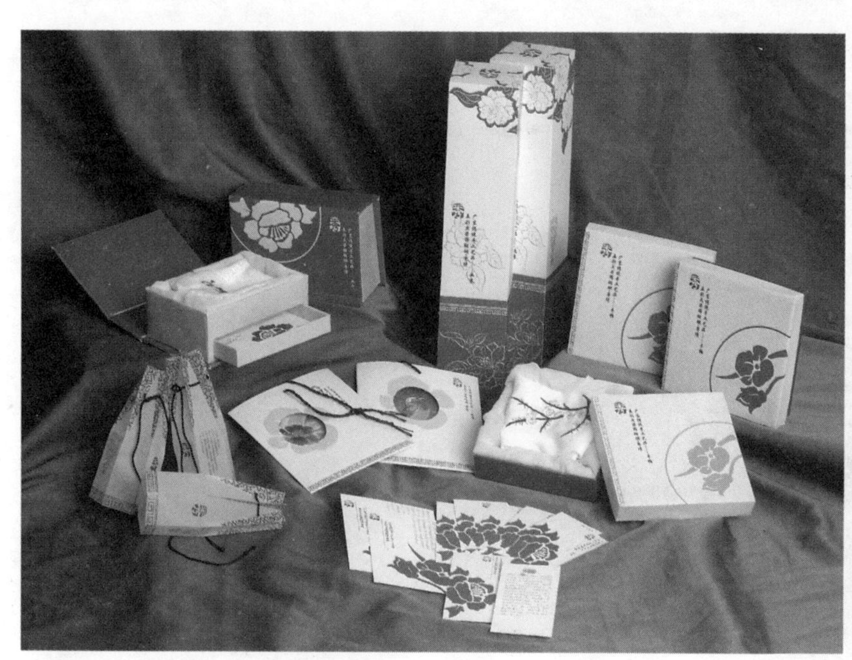

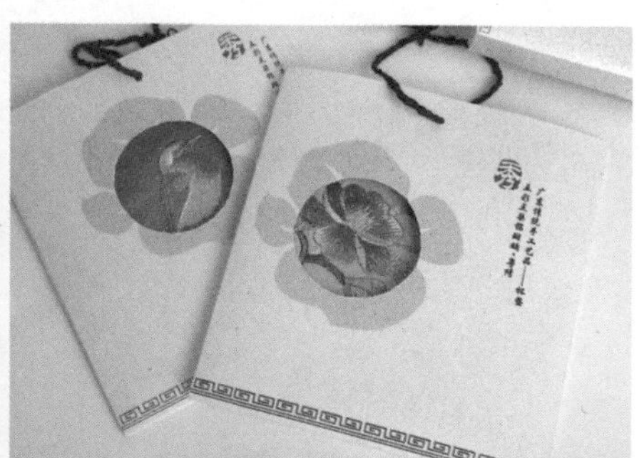

17 粤绣包装设计（设计：赖冬冬、黎艳冰、蒋楚）

18 广东特色汤包装设计（设计：陈美娴、冯玉婷、冯细梅、陈丽婷）

19 九江双燕酒包装设计（设计：张红文、蔡美仪）

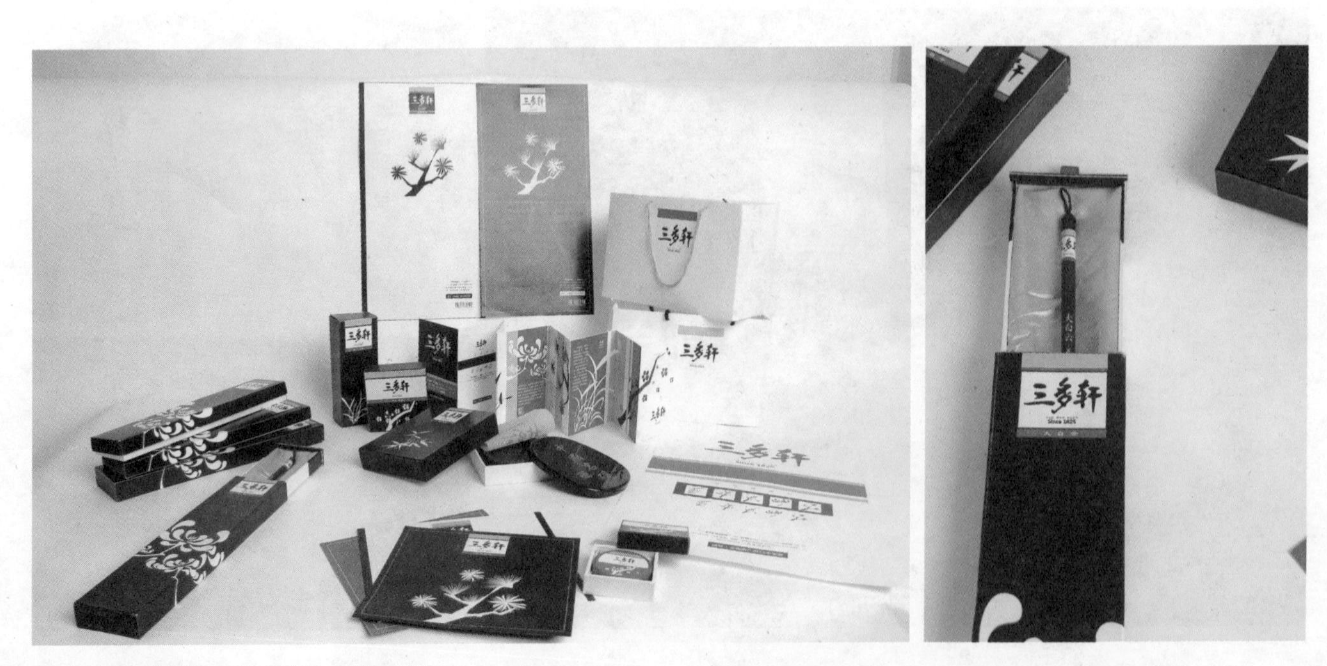

20 文房四宝包装设计（设计：钟志强、李耀华、胡美华）

21 西关饰品包装设计（设计：梁紫霞、麦键婷、邱嘉颖、王金秋）

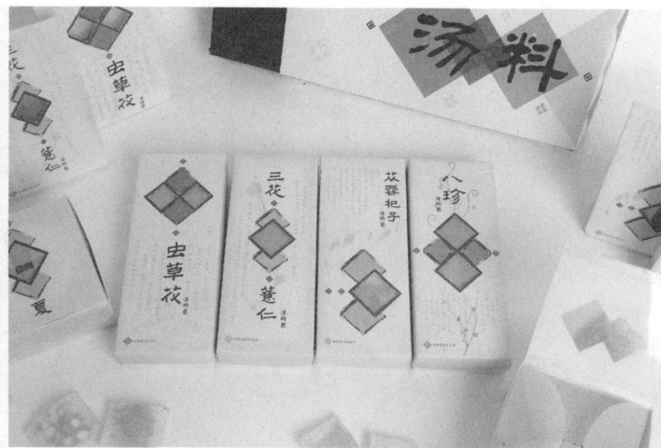

22 “粤膳和”老火汤包装设计（设计：蔡伊桑、陈楚容、石扬辉、邓伟良）

23 “成珠”小凤饼包装设计（设计：林桂婵、林丽娜、黄杞兰、黄丽丽）

24 茶包装设计（设计：潘秀威、范静思）

25 工夫茶包装设计（设计：阮明浩、陈聪、湛月明、朱晓玲）

26 英德红茶包装设计（设计：孙佳琦、宁雪霞、潘艳梅、饶苑龄）

27 “茗茶居”茶包装设计（设计：陈媛媛），获第四届《包装＆设计》新星奖设计大赛暨“世界学生之星”包装设计优异奖

28 土香茶包装设计（设计：谢玉），获2007年第四届中国国际茶叶包装大赛优秀奖

29 碧螺春茶包装设计（设计：陈明坤）

30 普洱茶包装设计（设计：万汉辉、梁建永），获2009中国包装艺术大赛评委奖

31 普洱茶包装设计（设计：邱海明）

32 茶包装设计（设计：冯凯文）

33 花茶包装设计（设计：袁秀梅、刘子欣、罗明明）

34 “叹茶”包装设计（设计：陈建成、钟长春、吴进钦）

35 “浪漫花语”花茶包装设计（设计：陈雯琪），获 2009 中国包装艺术大赛优秀奖

36 “五谷道场”方便面包装设计（设计：陈坚荣、高嘉浩、杨冠挺），获 2009 中国包装艺术大赛优秀奖

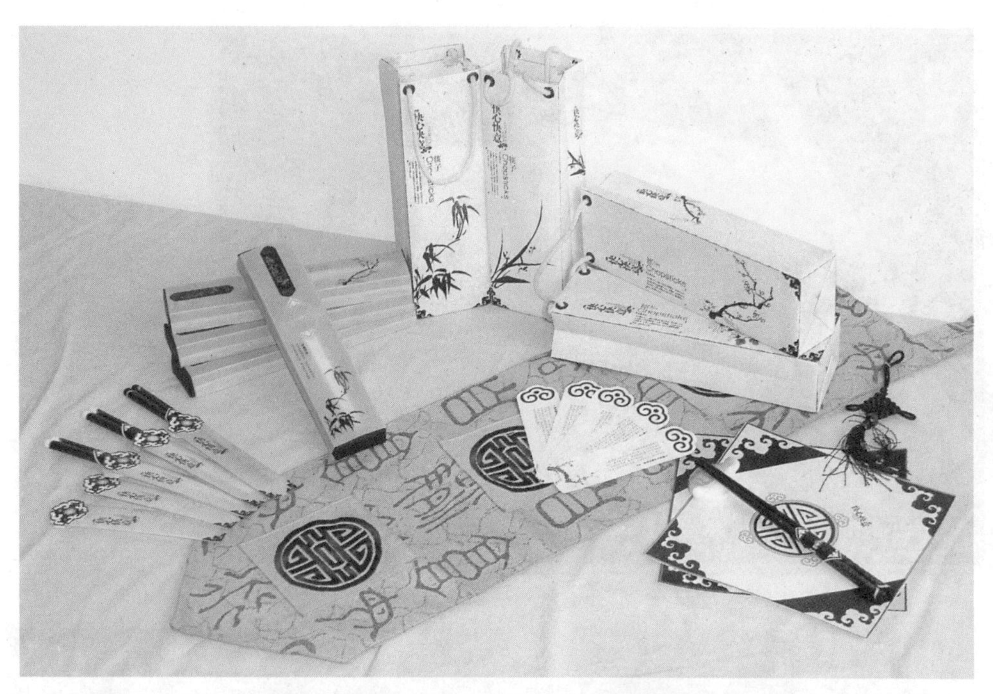

37 “筷心筷意”筷子包装设计（设计：杨建华、陈善金），获2009中国包装艺术大赛创意奖

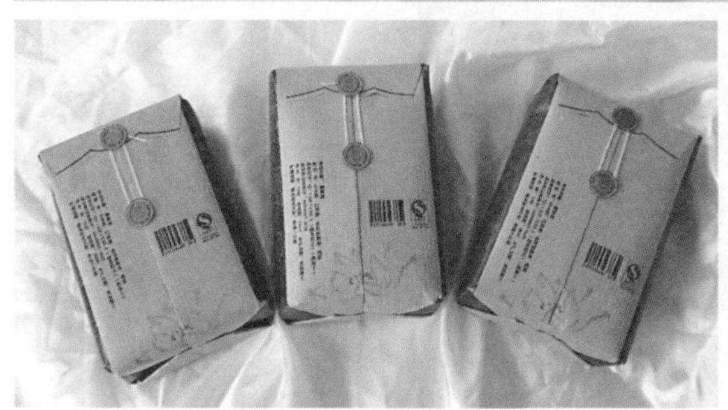

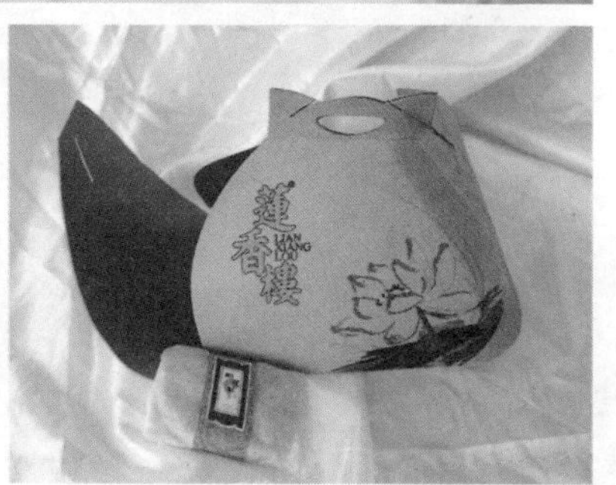

38 “莲香楼”酥饼包装设计（设计：杨冠挺、梁惠莹、周绮婷）

39 “三多轩”包装设计（设计：李莎、叶银娣）

40 大吴泥塑包装设计（设计：吴韵怡、朱观凤），获2010广东之星设计·印艺大奖赛二等奖

41 “大白兔”糖果包装设计（设计：谭婉靖）

42 “女人缘”木梳包装设计（设计：叶银娣）

43 餐具包装设计（设计：黄洁颖、梁健培）

44 广州木雕包装设计（设计：王健芸、吴祖宜）

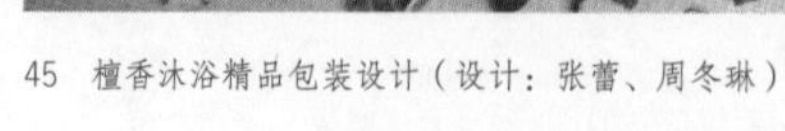

45 檀香沐浴精品包装设计（设计：张蕾、周冬琳）

46 即食海蜇包装设计（设计：李华景）

47 南洋烟草“红双喜”牌烟包“都会系列”设计（设计：陈乐琪、杨文彬），获东方之星“香港永发杯”包装设计大赛入围奖

48 文房四宝包装设计（设计：彭振权）

49 “莲香楼”嫁女饼包装设计（设计：陈丽仪、罗子崙）

50 乌鸡白凤丸包装设计（设计：张吕杰、钟颖芬）

51 光酥饼包装设计（设计：李薇芷），获2009中国包装艺术大赛创意奖

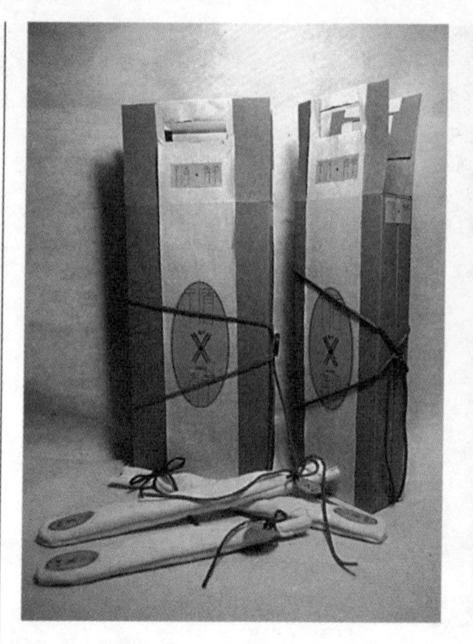

52 筷子包装设计（设计：罗楚茵）

53 盲公饼包装设计（设计：黄素馨、李丽君）

54 纸巾包装设计（设计：张晓婷）

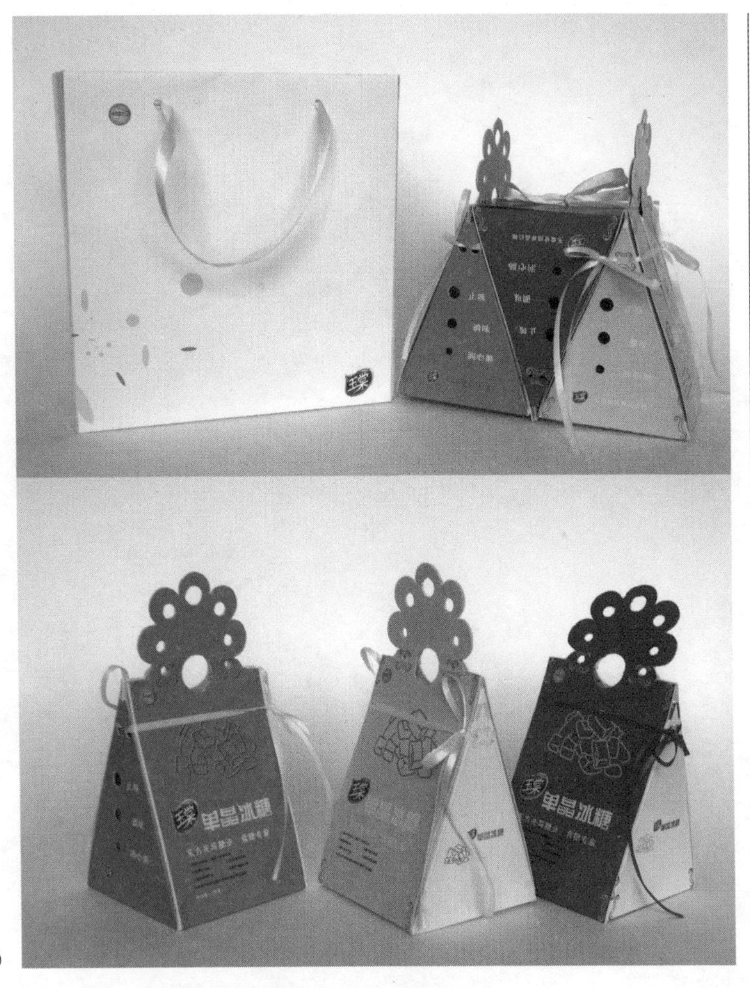

55 冰糖包装设计（设计：陈定风）

56 “大白兔”糖果包装设计（设计：杨倩仪）

57 “大白兔”糖果包装设计（设计：廖晓敏）

58　有机米包装设计（设计：陈家宜）

59　糯米糍包装设计（设计：陈肖烨）

参考文献

[1] BIG BOOK PACKAGING.

[2] BOXED AND LABELLED.

[3] EXPERIMENTAL FORMATS & PACKAGING.

[4] LE PACKAGING MONDIAL.

[5] MAGIC PACKAGING.

[6] PACKAGE DESIGN IN JAPAN BIENNIAL VOL.12.

[7] PACKAGE DESIGN JPDA MEMBER'S WORK TODAY. 2008-2010.

[8] PACKAGE DESIGN IN JAPAN BIENNIAL VOL.12.

[9] THE ART OF PACKAGE DESIGN.

[10] THE PACKAGE DESIGN BOOK.

[11] 专业包装设计应用精选 .

[12] 新查理 . 新包装设计［M］. 沈阳：辽宁科学技术出版社，2010.

[13] 王绍强 . 新包装［M］. 成都：四川美术出版社，2010.

[14] 三采文化 . 纸艺包装技法［M］. 台北：三采文化出版事业有限公司，1997.

[15] 华表 . 包装设计 150 年［M］. 长沙：湖南美术出版社，2004.

[16] 陈磊 . 包装设计［M］. 北京：中国青年出版社，2006.

[17] 孙诚 . 包装结构设计［M］. 北京：中国轻工业出版社，2010.